疯狂化学
—Crazy Chemistry—

杨帆◎著

人民邮电出版社
北京

图书在版编目（ＣＩＰ）数据

疯狂化学 / 杨帆著. -- 北京 ：人民邮电出版社，
2015.8（2023.8重印）
ISBN 978-7-115-39166-7

Ⅰ．①疯… Ⅱ．①杨… Ⅲ．①化学－基本知识 Ⅳ．
①O6-49

中国版本图书馆CIP数据核字(2015)第106025号

◆ 著　　　　杨 帆
责任编辑　韦 毅
责任印制　彭志环

◆ 人民邮电出版社出版发行　　北京市丰台区成寿寺路 11 号
邮编　100164　　电子邮件　315@ptpress.com.cn
网址　https://www.ptpress.com.cn
涿州市般润文化传播有限公司印刷

◆ 开本：889×11194　1/24
印张：8.17　　　　　　　2015 年 8 月第 1 版
字数：235 千字　　　　　2023 年 8 月河北第 23 次印刷

定价：69.00 元（附光盘）

读者服务热线：(010)81055410　　印装质量热线：(010)81055316
反盗版热线：(010)81055315
广告经营许可证：京东市监广登字 20170147 号

警　告

本书中所有实验都具有一定的危险性，请不要自己模仿！没有专业知识支撑的化学实验很容易成为脱缰野马，对你的身体造成巨大伤害！

前 言

"咦？你又带化学试剂来了？"

"这回不危险，过氧化氢和二氧化锰。"

"会有啥反应吗？"

"就是放出点氧气而已。赶紧找个矿泉水瓶子去！"

"就这种程度根本没啥意思嘛！"

"喂！别拧上瓶盖啊！"

"哎呀！！！"

嘣！……

化学是一门非常基础的学科，国内从初三开始开设化学课。也就是在那个时候，我开始对这门学科产生了强烈的兴趣。和所有初三的熊孩子一样，我也想尽办法买了各种化学试剂自己做实验。当然，在那个啥都不懂的年纪，由于不经意犯下大忌的事故也出过不少，比如前面提到的那个。高中时，我当上了学校图书馆的图书管理员。于是在获得了那个一共四层楼的大书库的钥匙后，我经常有机会学到一些高于课本的化学知识，有时候几乎整个课外活动时间加晚自习都泡在那里。或许正是因为这样，我高考时化学获得了满分。我考上北京电影学院后，需要处理掉家里的试剂，本着"考上北影了做个片子玩玩"与"处理试剂"的双重目的，我制作了自己的第一部短片《疯狂化学》。这部片子在今天看来制作过于粗糙，但当时却在网上得到了强烈反响，随之而来的便是暴涨的点击量以及大批的粉丝，甚至有的中学老师还将这部片子用在教学中，以提高学生学习化学的兴趣。于是，本来打算以这个视频结束化学实验生涯的我又找到了新的方向，那就是结合自己所学，提高观众对化学的兴趣。这条科普之路也从此开始了。

2012 年 2 月底我被吧友选为百度"化学吧"吧主，之后很多粉丝催促我制作第二部短片，我也开始了进一步的策划。我制作了以网络热门化学实验为主题的《疯狂化学 1.5》作为两部短片之间的承接，之后结合在北京电影学院的专业学习，创作了"疯狂化学"系列正作的第二部作品。我的专业是电脑动画，对于软件和后期制作比较有经验。因此在这一部片子中，我尽己所能地将科学性与观赏性结合了起来。功夫不负有心人，这部《疯狂化学 2：元素奇迹》在 2013 年 10 月 1 日 20:00 网络首映的时候便吸引了大量的观众，并于第二天成功地登上了其中几个网站的主页。正是这几部视频作品让我逐渐为人所知。2012 年，我参加了由国际化学品制造商联合会（AICM）主办的全国高校化学视频大赛并获奖。2013 年，一家和北京市教委合作的公司与我联系，给了我参加 2013 年度北京市"科学达人秀"的机会。我有幸获得了亚军，并由此获得了 2013 北京市年度"科学达人"的称号。

除了"疯狂化学"系列以外，我还制作过《苯——向凯库勒致敬》《水色多米诺》等许多和化学相关的视频。但是经历过《疯狂化学 2》的成功后，我时常想着，化学科普还能走什么其他的路线。在看过美国知名科普作家西奥多·格雷的《视觉之旅：神奇的化学元素》（彩色典藏版）（已由人民邮电出版社出版——编辑注）之后，我瞬间震惊了，原来以图片为主的科普能做到如此极致的地步！这同样给了我启发：西奥多·格雷可以用静态展示的方法展现一个又一个的元素，那我也可以用图片来展示一个又一个的化学反应的瞬间。这便是这本书诞生的初衷。

纸质读物的创作和视频的创作截然不同。视频讲求声画协调，而读物则是图文并茂。作为一个初次写书的新手，我一开始便下定决心："将这本书做出我能达到的最好效果。"同时，我也想让这本书的受众尽可能广。毕竟现在民众对于化学的理解很多时候局限在负面的新闻之中，我想尽自己的微薄之力让他们了解化学，感受化学之美。

本书分成 4 个部分：化学之彩、化学之烈、化学之光和化学之魅。这实际也是大部分人对于化学神奇之处的 4 种理解：化学课程中的变色实验，人们所喜欢的火焰与爆炸景象，人类本能所向往的发光物，以及最不可思议的化学反应。这是一条从生活中最基本的酸碱通往化学璀璨彼岸的道路。本书的版面设计由我亲自完成，书中的图片精选自我为写作本书专门重新拍摄的数千张图片。设计时，我将文字作为构成元素加入画面的整体构图中。同时我精选了我之前视频中的大量素材重新剪辑，做成了本书附赠的光盘，用它来弥补部分静态图片所无法达到的效果。希望大家能够喜欢。

和所有的图书一样，本书到今天能够出版并不是因为我一个人的努力，有许多值得我感谢的人。首先要感谢我的父母和家人，是他们不断给予我的支持和鼓励，让我走到今天，我的个人荣誉离不开你们。其次感谢两位摄影，我的同学李一凡（《疯狂化学 2》的主摄影"Afternoon"）和我的发小韩超（《疯狂化学》的主摄影"绝对零度"），他们也参与了我大部分视频作品的拍摄，并饱受化学试剂的"摧残"（主要是惊吓）。接下来感谢本书的编辑韦毅，是她发现了我的视频并帮助我完成了本书的出版。此外我还要感谢将我领入化学之门的白汇民老师，在场地、设备上协助过我们的拍摄但大多叫不上名字的长辈们，在本书创作阶段帮我处理学校事务的高尔东同学，补拍时来帮忙的刘艺程同学，以及帮我提供铷铯晶体静物的吴尔平同学和帮我审查学术错误的高铭同学（这两位来自百度"化学吧"）。谢谢你们！

　　最后，这是我的第一本书，其中一定会有许多不如意的地方。如果有什么好的意见或建议，欢迎提出。我的邮箱是CrazyChemistry@sina.com。或者你也可以来我的个人贴吧百度"萌凤吧"与我交流。感谢大家的支持！

目 录

第一章

化学无处不在
却经常被人们忽视
谁能想象得到
这是由它引发的
美丽色彩

化学之彩

酸碱与会变色的指示剂

　　"酸"与"碱"基本就是日常生活中我们接触最多的两个化学名词了。醋是酸性的，苏打粉是碱性的。通常我们所说的酸碱是通过溶液中的氢离子浓度定义的。与之关系最密切的一个词就是 pH 值。25 摄氏度的时候，pH 值为 7 则表示中性，数值越小表示酸性越强，反之碱性越强。就像温度一样，要知道一杯溶液的 pH 值，就要用一个类似于温度计的东西来测量它，以指示出它的酸碱度。除了用 pH 计以外，最传统的方法便是通过化学反应来确定。一类会随着酸碱度改变颜色的物质就成了最合适的选择，这就是酸碱指示剂。

心里美萝卜中含有大量的花青素。花青素便是一种颜色会随着酸碱环境变化而变化的物质。它在酸性条件下是红色的，而在碱性条件下则会变成蓝紫色。然而，由于花青素的提取难度非常大，它并不作为一种指示剂来使用。

酚酞是一般化学课本中都会介绍到的一种指示剂。酚酞在水中的溶解度很低，所以烧杯中呈现出了白色浑浊。它在 pH 值小于 8.2 时是无色的，在 pH 值大于 10 时是红色的。在我们往一杯未知 pH 值的溶液中加入酚酞之后，就可以从颜色上区分这杯溶液的 pH 值是大于 10 还是小于 8.2 了。

6

　　不同的指示剂会有不同的效果。在从酸性到碱性变化的过程中，左页图中茜素黄 R 的颜色从金黄变为深红，本页图中百里香酚蓝的变色则涵盖了红黄蓝三色。而下页图中的孔雀石绿则会呈现透亮的由黄绿到青蓝的效果。由于让它们变色的溶液的 pH 值不同，同时用多种指示剂就能大致判断出溶液的 pH 范围了。

然而酸碱指示剂只是指示剂中的一类而已，我们根据需要还找出了另外一些指示剂。这些指示剂有的甚至可以指示出溶液中的离子种类。在下一节中，这类物质将展示出惊人的效果。

无限循环的反应

想象这样一件事。你送给朋友一件礼物，一个装有某种液体的密封的瓶子，而液体的颜色在不断地变化，那该是一件多么有趣的事啊！然而这是不可能的。化学反应中会有能量损耗，而这种液体内所包含的能量是一定的，所以这个反应总会停下来。但是，在它"停下来"之前，我们能不能将损耗尽可能降低，来实现类似的效果呢？让我们来看一看振荡反应。

早在 19 世纪初，就有人发现这种奇特的反应了。然而那时永动机早已被证明不可能存在，所以化学上出现这样一个"可以循环"的反应也顺理成章地被以同样的理由抹杀了。直到后来，随着这样的发现越来越多，人们才真正开始研究这一体系。这其中最著名的反应就是碘钟反应。

碘钟反应是什么呢？首先从名字上，我们就可以看出这个反应和碘有关，而且还具有钟表的计时性。更为神奇的是，当把溶液混合好以后，这个反应便自动开始了。碘钟反应有一个大约 8 秒的循环。颜色从无色、变黄、变蓝再还原为无色。这整个反应能持续好几分钟而且根本不用管，直到溶液中的过氧化氢耗尽为止。因此这个反应虽然看似循环，最后还是会趋于一个平衡的稳态，就好比一节往复振动的弹簧总是会有停下来的时候。不过这杯溶液的颜色变化能坚持循环这么长时间，已经算是一个奇迹了吧。

　　右侧的图中每一条便是间隔相同时间拍摄的，可以明显看出这种循环的变化。值得一提的是，碘钟反应中的所有计量必须非常精确，所以如果做不到这一点，这个实验是很难成功的。

碘

53

碘是一种常见的非金属元素，常温下是紫黑色固体。碘易在加热时升华，出现紫色的碘蒸气。碘遇淀粉会变蓝紫色，这在许多实验中用于二者的互相检验。碘是一种人体必需的微量元素，可以轻易地购买到含有碘酸钾的食用碘盐。

然而天外有天。如果说碘钟实验的循环变色已经非常神奇了的话，下面的实验则会让你更加惊讶。

　　碘钟反应的中心元素是碘，而这个实验的中心元素则是溴。如果查看元素周期表，你就会发现溴位于碘的上面。元素周期表中同一竖列的元素性质相似，所以溴应该也有一个类似碘钟的振荡反应。那么它也会和碘钟一样循环变色吗？当然没这么简单。由于所需要物质种类不同，这次的"溴钟"实验理论上会发生红蓝互变的效果。配好溶液并进行混合后，将这红色的溶液铺开。

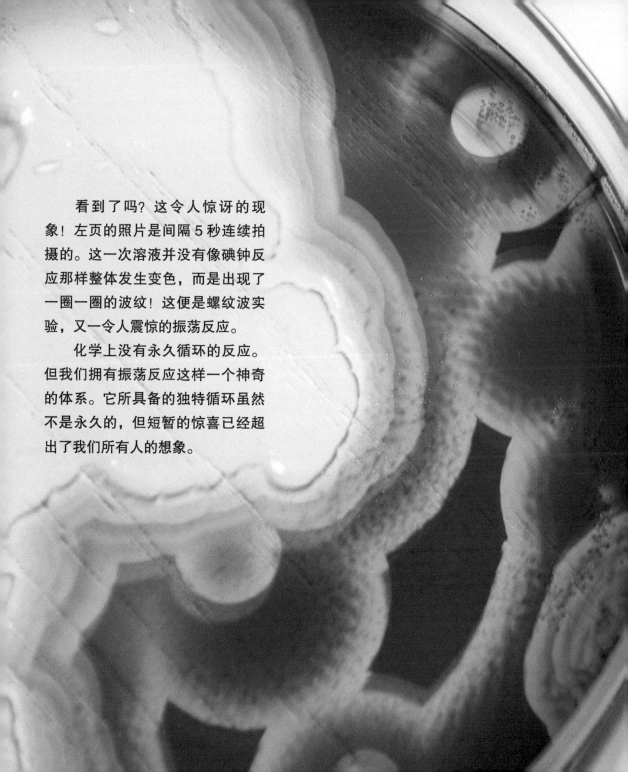

　　看到了吗？这令人惊讶的现象！左页的照片是间隔 5 秒连续拍摄的。这一次溶液并没有像碘钟反应那样整体发生变色，而是出现了一圈一圈的波纹！这便是螺纹波实验，又一令人震惊的振荡反应。

　　化学上没有永久循环的反应。但我们拥有振荡反应这样一个神奇的体系。它所具备的独特循环虽然不是永久的，但短暂的惊喜已经超出了我们所有人的想象。

为火焰着色

大家可能会注意到，在燃气灶淡蓝色的火焰上撒一把盐会让火焰变黄，正如下图所示。而在用铜壶烧水时，火焰则会变绿。难道火焰的颜色和物质所包含的元素有关？这便是焰色反应要告诉我们的。19世纪，著名化学家本生在他发明的本生灯上灼烧各种化学物质时发现：含锶的物质灼烧时会把火焰染红，含钠的物质灼烧时会把火焰染黄，而含钡的物质灼烧时会把火焰染成黄绿色，含锂的物质灼烧时会把火焰染成紫红色。每一种元素都有它自己的特征火焰颜色。而后来随着进一步的研究，他和在同一个实验室工作的物理学家基尔霍夫做成了世界上第一架光谱分析仪。这种仪器可以把光拆成光谱，来显示每种元素燃烧时更为精确的特征，也就是说，用这种方法可以确定一种物质所包含的元素。而事情的发展更是超乎预料。1860年，他们在一份来自德国巴特迪克海姆的天然矿物质水的光谱中，发现了两条之前从没见过的天蓝色谱线。经过研究，他们发现这属于一种新元素：铯。而这也是用光谱分析法发现的第一种元素，由本生和基尔霍夫用拉丁文"天蓝色（caesius）"为其命名（caesium）。

这两幅图展示了向燃气灶的火焰上撒盐前后的景象，可以明显看到火焰在颜色上的区别。这便是钠元素所特有的极其明亮的黄色焰色造成的。

在初步检测简单物质组成时，焰色反应仍然是一个很好的选择。这种仪器叫作酒精喷灯。相比于常用的酒精灯，喷灯的工作原理不是直接燃烧酒精，而是将高温的酒精蒸气喷射出来再加以燃烧，这会使之达到一个比酒精灯更高的温度。这个温度虽然不及本生灯，但做焰色实验已经够用了。

由于铁的焰色几乎是无色的，所以接下来我们只需要用铁丝卷起一些不同金属的盐，然后放在酒精喷灯的火焰上烧，就可以看到火焰的颜色变成属于不同元素的特有颜色了。

锂元素具有紫红色的焰色，图为乙酸锂固体在喷灯上灼烧的效果。从本页图中可见灼烧时间长短导致的温度变化也会对焰色有轻微影响。

　　钠元素具有明亮的黄色焰色，而当
降低相机的感光度时，这种黄色也稍微
发一点橙色。路灯便是一种钠灯，它所
发出的黄色光芒和这里展示的一样。

铜元素的焰色是绿色，这也是用铜壶烧水时火焰变绿的原因。本页图中的红色是由之前残留的锂带来的焰色影响。如果残留的是钠的话，就完全看不到铜的绿色了，只剩下钠的强烈黄光。

　　钾元素的焰色是紫色，通常不纯的钾盐会含有钠杂质，从而将整个火焰染黄。所以要想看到钾的焰色，必须使用高纯的试剂，比如图中所用的基准试剂。

焰色反应在日常生活中最常见的用途便是用在烟花之中了。我们用一种可以剧烈燃烧的混合物（第二章会介绍到）混合各种有明显焰色的金属盐，同样可以做出很漂亮的效果。在下列的4个铁盒中分别装有该混合物和锂、钠、钡、铜4种元素的盐，然后用一个普通的烟花引爆器依次遥控点燃，之后便可以看到对应的4种焰色了。

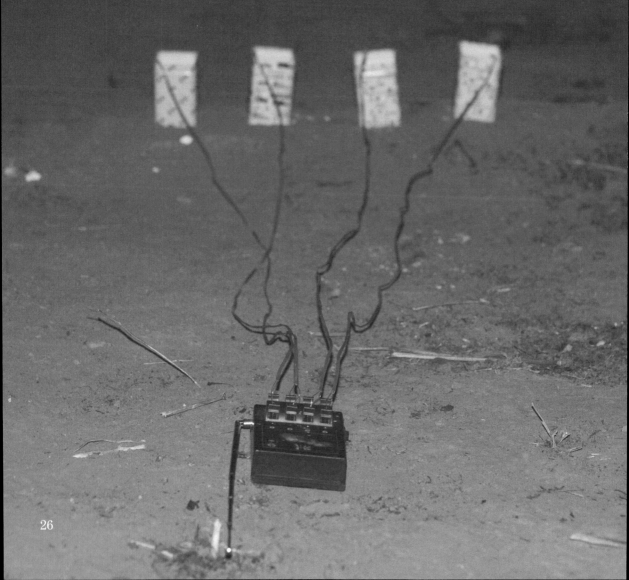

焰色反应虽然叫反应，但其实是一种物理现象。焰色反应的原理是：不同元素的电子结构不同，导致它们只能吸收或放出特定波长的光。在 4 盒试剂被点燃的瞬间，呈现出来的便是 4 种元素的不同火焰了。锂的红色、钠的黄色、钡的绿色，但是唯一有点不同的是最后的铜。在前面的酒精喷灯灼烧实验中，铜的焰色是绿色的，但为什么到这以后偏蓝了呢？这是因为焰色反应除了和盐中的金属离子有关以外，还和其中的阴离子有关。前面所用的铜盐是氯化铜，这里的是硝酸铜。同样会带来影响的另一个因素则是温度。这里所能达到的温度会比前面直接灼烧的温度高得多。因此综合来看，铜离子在同时受到阴离子种类和温度的影响之后焰色也变得有所不同了。

后来我们发现，同时点燃 4 盒试剂来拍摄是比较蠢的。因为想要让这几个盒子喷出的火焰同时达到最佳效果是一个概率极小的事件，这使得数次实验中很难找到完美的照片。

透过这里的火焰，我们便要进入新的一章了。这将涉及化学中最为剧烈的一面。**因此即将到来的这一章中所有实验都绝对禁止自己轻易尝试，切记**！

第二章

所有的化学反应
都伴随着能量的变迁
酸碱相遇只是放热
但强氧化还原
将带来暴戾的盛宴

化学之

烈

颠覆你理解的金属元素

　　说出你心中关于"金属"的几个关键词。

　　坚硬，稳定，保护作用……不错！这确实是金属的特点。但是由于我们对一个物质的认识基于我们的生活，所以更确切地说，这几个关键词所形容的金属更接近铁，毕竟铁是最常见的金属。而且同样常见的金、银、铜、做不锈钢的铬、做窗户的铝等能在日常中被称为金属的玩意儿都有这样的特性，所以金属可以用上述这些词来形容也就顺理成章了。然而在化学上，由于"金属"这个家族有着更大的范畴，所以你对这些金属特点的理解将在下面彻底被颠覆。来认识一下这些不坚硬、不稳定甚至可能伤到你的金属元素吧！

锂是一种银白色金属，碱金属元素家族排在最上面的一个。它是密度最低的金属元素，其密度只有铁的 1/14。较其他碱金属，锂的活泼程度看似稍差，但却会轻易地与空气中的氮气发生反应。锂在自然界中主要存在于锂辉石与锂云母中，锂也被广泛用于制造锂电池。

Li

锂 ³

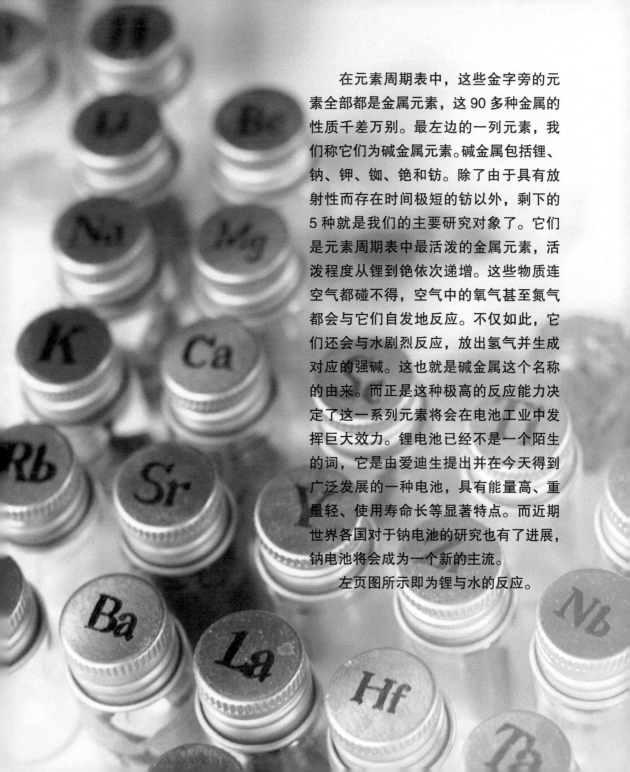

在元素周期表中，这些金字旁的元素全部都是金属元素，这90多种金属的性质千差万别。最左边的一列元素，我们称它们为碱金属元素。碱金属包括锂、钠、钾、铷、铯和钫。除了由于具有放射性而存在时间极短的钫以外，剩下的5种就是我们的主要研究对象了。它们是元素周期表中最活泼的金属元素，活泼程度从锂到铯依次递增。这些物质连空气都碰不得，空气中的氧气甚至氮气都会与它们自发地反应。不仅如此，它们还会与水剧烈反应，放出氢气并生成对应的强碱。这也就是碱金属这个名称的由来。而正是这种极高的反应能力决定了这一系列元素将会在电池工业中发挥巨大效力。锂电池已经不是一个陌生的词，它是由爱迪生提出并在今天得到广泛发展的一种电池，具有能量高、重量轻、使用寿命长等显著特点。而近期世界各国对于钠电池的研究也有了进展，钠电池将会成为一个新的主流。

左页图所示即为锂与水的反应。

钠 Na

11

钠是一种银白色金属，是碱金属元素家族的代表元素。与其他碱金属元素一样，钠很软，可以用小刀切割。它的化学性质非常活泼，在空气中会因与氧反应而表面变暗，所以不得不将它关进油中隔绝氧气保存。

钠与水的反应要比锂剧烈得多。由于反应放热，它 97 摄氏度的熔点也决定了它会在反应中熔成液态。同时，它的密度小于水，所以你会看到一个灰色的小球在水面上四处游动，并在与水接触的地方嘶嘶作响，放出氢气。而如果使用稍大的量则会引起爆炸，爆发出属于钠的黄色火焰，正如右图所示。

这里扩展说明一下钠以及排于其后的其他碱金属为什么会在反应过程中爆炸。除了其自身的反应能力以外，另一原因曾被公认在于聚集的氢气：钠与水剧烈反应后产生的氢气聚集起来被钠点燃，然后发生了爆炸。但是随着 2015 年年初国外一份文献的发布，这一原因被做了修正。碱金属与水反应发生爆炸在碱金属接触水的一瞬间就被决定了。碱金属在与水反应的这个过程中会瞬间释放出自己的电子，从而使得碱金属本身无法束缚其内部的正电荷，继而引发爆炸。

大量的钠在水面上游动、燃烧以及爆炸。由于这些钠太"自由"了，捕捉它们的身影变得极其困难。我们在多次失败中抓住了这些美丽的瞬间。

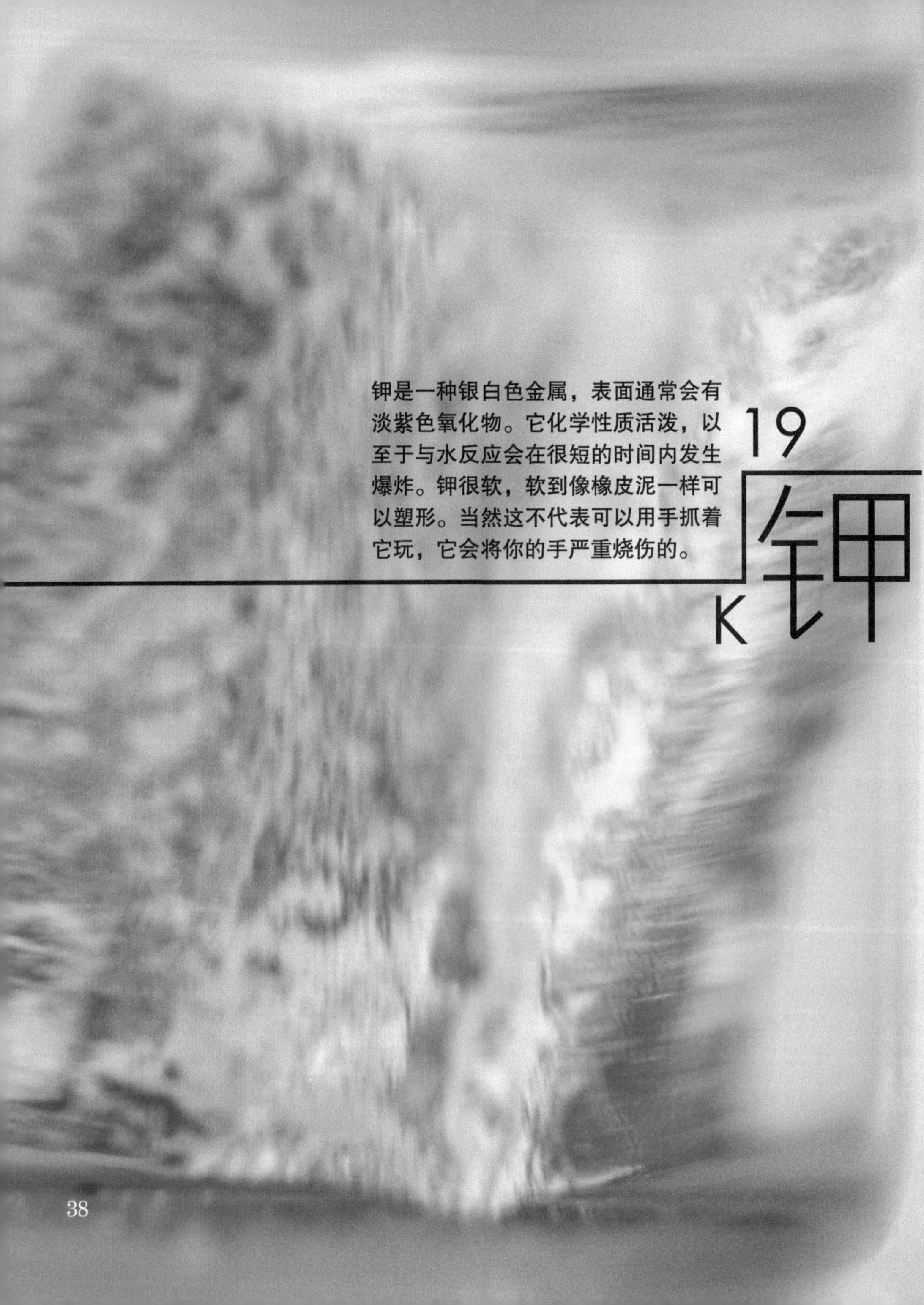

钾是一种银白色金属，表面通常会有淡紫色氧化物。它化学性质活泼，以至于与水反应会在很短的时间内发生爆炸。钾很软，软到像橡皮泥一样可以塑形。当然这不代表可以用手抓着它玩，它会将你的手严重烧伤的。

19

钾

K

从钾与水反应所产生的爆炸，可以看到钾特有的紫色火焰。

通常钾与水反应爆炸有 3 个阶段：整块燃烧、爆炸的瞬间及最后的"珍珠"。

银色柔软金属，元素周期表中碱金属从
上到下排行第四，可在被光照时放出电
子。铷和铯一样，也是由本生和基尔霍
夫用光谱分析法发现的。

37
铷 Rb

铯 Cs

55
金色柔软金属，是元素周期表中最活
泼的非放射性金属元素。铯遇水会剧
烈反应，而且会在空气中自燃，因此
通常保存在真空硬质玻璃管中。

由于铷和铯是被封在硬质玻璃管里保存的，需要将其砸开，再让它们与水发生反应。所以我们选择了一根钢管来进行这项工作。但是唯一没考虑到的是所使用的水槽底部太脆弱，在钢管落下的同时一起被砸碎了。但好在两种金属还是在接触水的瞬间与水发生了反应。图中上面是铷与水的反应，下面是铯与水的反应。

看到这两张照片，大部分读者一定会心生疑惑。按理说，铷与铯和水反应的剧烈程度应该远高于前面介绍的 3 种碱金属，但是从图上看却不是这样。实际上，这个剧烈程度确实是递增的——铷和铯在遇到水的一瞬间便发生了爆炸。但是由于二者的密度大于水，所以所有的火与炸开的金属都被压在了水下面，从而造成了这种看起来不是太剧烈的效果。

钡属于碱土金属元素，是非放射性碱土金属中最活泼的。钡同样会在空气中缓慢氧化，生成氧化钡。同时钡也会与空气中的氮气发生反应生成氮化钡。它在自然界中主要存在于重晶石中。它的硫酸盐即为医学上用于 X 光显影的钡餐。

56

Ba

钡

元素周期表中碱金属再往右一列的元素被称为碱土金属。这一组金属也具有极强的反应能力，但是与碱金属相比则弱了许多。从比较好的例子来看，我们将非放射性碱土金属中最活泼的钡放入水中后，它只是在水中安静地冒出了大量气泡。连最活泼的碱土金属都只是这样的话，其他的碱土金属就更不必说了。排在碱土金属这一列最上面的铍甚至几乎不与水发生反应。

　　那么，根据金属的自身性质来增强反应效果，貌似已经走到头了。接下来该怎么办呢？答案在于温度。

锶

Sr

38

锶位于碱土金属家族自上而下排列的第四位，活泼性次于钡。它的名称来源于它的发现地，一个英国的小村庄斯特朗申。它广泛分布在土壤及水里，富集于天青石中。燃烧时还会发出洋红色的火焰。锶还是一种人体必需的微量元素，可以防止动脉硬化及血栓。

高温下的金属

　　正如前面所说的，我们对于一种物质的认识基于我们的生活。我们对日常生活中金属的印象基于我们最常见的金属。因此我们往往会以偏概全。而在无数的化学反应之中，温度也一直是一个常见的条件。同样，我们所熟知的世界中的很多现象是发生在常温下的，甚至许多定律也只适用于常温环境。那么，如果超出这个温度范围，我们周围的物质又会出现什么样的现象呢？

　　我们日常生活中最常见的铁在高温下可以被烧得通红但却没有燃烧起来。这一是因为金属所具备的良好导热性将热量导走了，二则是由于金属与空气的接触面积太小。这样来看的话，如果能够同时解决这两个问题，铁也是可以燃烧的。事实的确如此，而且解决方案异常简单：只需要往火焰上撒一些细腻的铁粉，如右图所示。

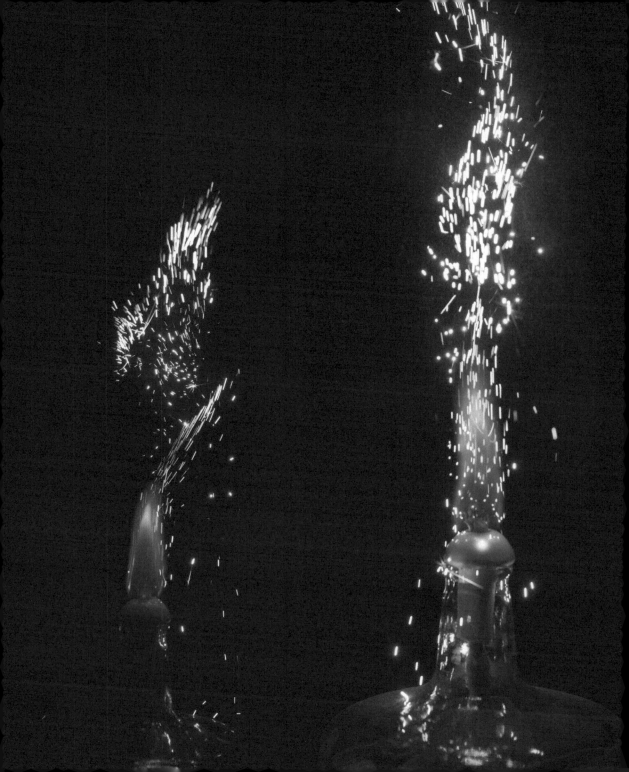

实验中所用到的铁粉全称为还原铁粉，通常是使用氢气还原四氧化三铁制得的，结构十分疏松。再加上它本身就是粉末，因此表面积极大。所以这种粉末在空气中能被轻易点燃也就是一件极其正常的事了。它甚至可以直接吸收空气中的氧气和水蒸气，因此也被用作保鲜剂。

我们用同样的方法还可以测试金属镁的粉末。考虑到镁有被用于制作照明弹及闪光弹的用途，就不难想象到这种东西会在点燃后发出强光了。事实上，镁的反应能力要比铁高得多。铁条不能在空气中被点燃，但镁条却可以。镁在燃烧时会发出含有紫外线的强烈白光并大量放热，而且伴随着大量氧化镁白烟。因此如果按照往火焰上撒金属粉末的做法给镁来一下的话，通常出现的是一些小火花。最成功的效果是一小团白烟伴随着的明亮白色火花。而如果一次撒上太多镁粉的话，等待你的就是一个亮到让你眼前一黑的巨大光团了。

镁 Mg

12

银白色的金属元素镁可以长成美丽的羽毛状晶体，这是由它的微观结构决定的。镁高度易燃，在燃烧时会发出耀眼白光并放出大量的热，因此被用于制造照明弹及闪光弹。它的粉末形态也因此变得极为危险。

考虑到镁粉自身的特性，向酒精灯上撒镁粉实际是一件极其危险的事情。不是一次撒上去太多镁粉时产生的光会造成你短暂的失明，而是高温的熔融物会有炸裂酒精灯引发火灾的可能。

把握好适量的镁粉可以造出很棒的效果，一场光与烟的盛宴。

由此可见，高温下的金属会具有很强的反应能力。我们混合铝粉与三氧化二铁粉末，然后点燃。这便是著名的铝热反应。铝热反应中，铝会从三氧化二铁中抢走氧，将铁还原出来。而这个放热的反应甚至可以达到上千摄氏度的高温，足以将铁熔化成液态。因此这个反应焊接铁轨时曾用到过。图为点燃的瞬间。大家可以同时看到未点燃的混合物、熔化飞溅的铁水以及氧化铝浓烟。

所谓的铝热反应指的是一类反应。不只是氧化铁，一些高温下反应能力不如铝的金属的氧化物都能参与这种反应。铝在这种反应中扮演的都是夺走氧的角色，从而把原来化合态的金属还原出来。因此我们称铝具有还原性，是一种还原剂。图为二氧化锰与铝粉的反应。

自　燃

　　我们知道燃烧的三要素是燃料、氧气和温度，在满足了这三个条件之后，燃烧就可以进行了。燃烧是一种化学现象，因为燃烧后的东西和燃烧前的完全不同。那么我们在化学上将燃烧三要素的这三点扩充成了什么呢？答案是可燃物、氧化剂与着火点。

　　可燃物不用多说，着火点是可燃物可以燃烧所必需的最低温度。但这个氧化剂是什么东西呢？结合前面来看，它的功能应该是助燃。这个猜想是否正确，我们就选择一种氧化剂来试试看吧。

　　在下图的铁盘里，我们摆了一团棉花。用棉花这种常见而且易燃的物质来做测试再好不过了。有了可燃物，接下来需要一种氧化剂，我们选择了淡黄色的过氧化钠粉末。然后在棉花团上撒上过氧化钠包起来。接下来则需要达到棉花的着火点温度。根据过氧化钠的一个特性，我们根本不需要用火将它点燃，只需要用一根管子向这团东西长长地吹一口气。

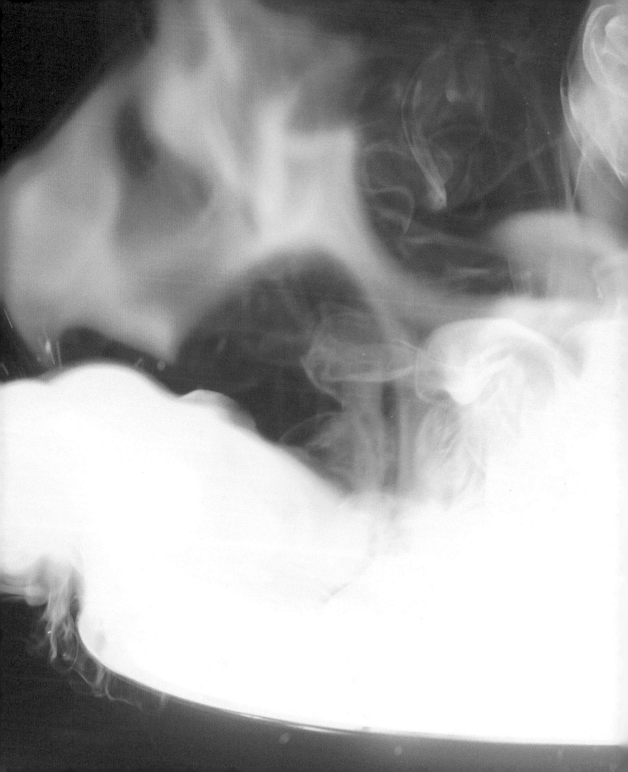

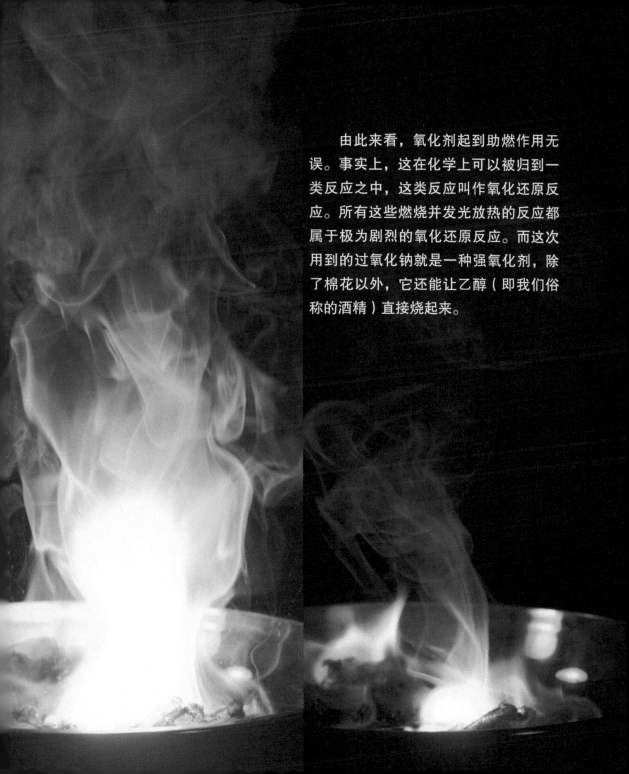

　　由此来看，氧化剂起到助燃作用无误。事实上，这在化学上可以被归到一类反应之中，这类反应叫作氧化还原反应。所有这些燃烧并发光放热的反应都属于极为剧烈的氧化还原反应。而这次用到的过氧化钠就是一种强氧化剂，除了棉花以外，它还能让乙醇（即我们俗称的酒精）直接烧起来。

在一个铁制容器中倒入大量的过氧化钠以及同等体积的无水乙醇后，就赶紧站远些吧。操作无误的话，数十秒后它就会喷出火焰。这是因为强氧化剂过氧化钠会将乙醇氧化为更加易燃且易挥发的乙醛，同时该反应放热，之后便会引燃整个体系。此时作为还原剂的乙醇已与过氧化钠混合，挥发的乙醛也与空气混合。这两种氧化剂–还原剂混合体系也会在几秒后将整个反应推向高潮。

筒状容器会让一切来得更快，甚至
发生右页图所示那样的由可燃物蒸气引
发的爆炸：一团急速上升的火焰。

从这次反应的细节中，我们可以轻易地看到这个过程中发生了什么：被喷出的小团过氧化钠（火中的暗块）、抛射出的熔融过氧化钠（带着尾巴的"流星"）以及作为主要燃料在燃烧的乙醇。作为含钠的化合物，过氧化钠也在这个实验中将火焰彻底染黄。与前一节的金属一样，过氧化钠在高温下也会变得极其活泼，以至于反应后期大部分乙醇会被直接氧化为乙酸甚至水和二氧化碳。而我们在前一个实验中说过，过氧化钠可以同时与水和二氧化碳发生反应并释放出氧气，这也会让反应持续较长一段时间。

另外，由于火是没有固定形状的，所以在实验过程中所产生的火焰会有不同的有趣的效果，右页就是一些相关的图片。

硅是一种非金属元素，是地壳中除氧之外储量最丰富的元素，曾被音译命名为"矽"。随处可见的沙子就是它的氧化物二氧化硅。硅是重要的半导体，在电子工业中有着不可替代的作用。图为一块多晶硅。

Si

14 硅

　　换个思路考虑，如果想实现自燃的
效果，除了提高氧化剂的等级以外，还
有一点就是提高可燃物还原性的等级，
这样也能达到同样的效果。

　　硅在元素周期表中位于碳的下面。
所以类比于俗称沼气的甲烷（分子由 1
个碳及 4 个氢构成），有一种叫作硅烷（分
子由 1 个硅及 4 个氢构成）的物质。这
种物质有个特点，就是不能见空气，否
则它就会马上燃烧起来。因此这种物质
我们只能现用现制：用硅化镁与酸反应
即可。于是便有了下页的效果：硅化镁
在液体中冒出硅烷气泡，气泡在水面上
破裂后燃烧起来。

硅烷在硅化镁与酸的反应中生成，之后在液面上起火。

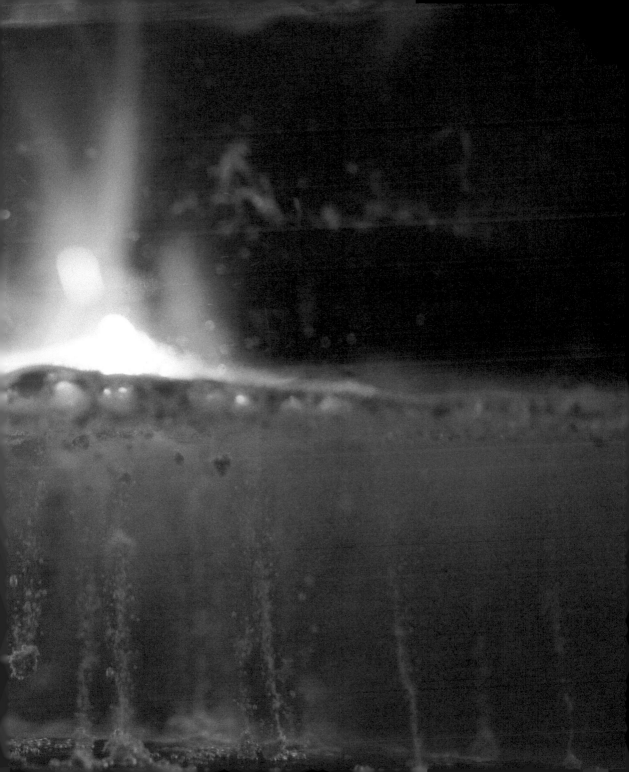

硅烷燃烧时会产生二氧化硅浓烟，而反应生成的镁离子也会把溶液弄浑浊。

在化学反应中不难看到宇宙。正如这 4 张图，好像星体的新生、汇聚、燃烧和爆发。

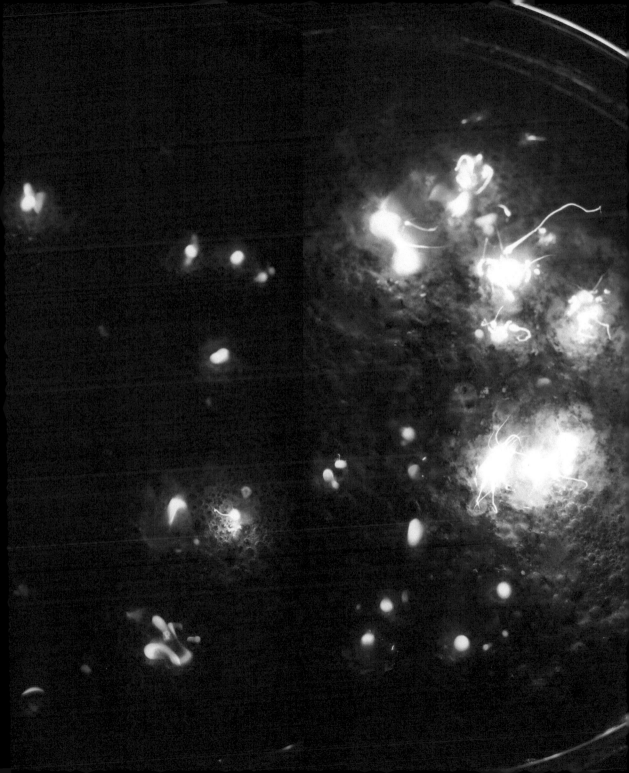

两个极端的碰撞

　　和酸碱这两个对立的极端一样，氧化剂和还原剂也是一对这样的组合。我们在本章前两节所介绍的金属都属于强还原剂。而在上一节我们介绍了强氧化剂。当这两个极端相遇时，剧烈的反应就在所难免了。

　　图为高锰酸钾固体与过氧化氢的反应。只要在装有 30% 过氧化氢溶液的锥形瓶中撒入一小点高锰酸钾固体就能造成这样的效果。这个反应会生成氧气并放出大量的热，从而造成了水蒸气的喷涌而出。在这个反应中，俗称灰锰氧的高锰酸钾就是一种强氧化剂。它通常会在药店作为一种消毒剂使用，只要两三粒就可以染紫一大杯水。由于这种物质具有一般强氧化剂所具备的所有危险性，因此现在在大城市的药房内已经很难见到它的踪影了。

溴属于卤素，是元素周期表中唯一在室温下呈液态的非金属元素。它的外观为红棕色液体，极易挥发出大量溴蒸气。只要看看这个字的写法就知道它的气味有多难闻了。这种元素有腐蚀性并且有毒，会造成很难痊愈的伤口，所以还是少接触为妙。

Br

溴 35

元素周期表倒数第二列的元素被我们称为卤素，共包括氟、氯、溴、碘、砹 5 种元素。它们是元素周期表中氧化性最强的一类元素，可以轻易与周期表内的大多数甚至它们的同族元素发生反应。因此自然界中卤素通常会和其他金属组成稳定的盐类存在并在海水中富集。其中，氟是所有元素中氧化性最强的，以至于除了各国顶尖化学实验室外几乎很难见到氟气——它会和几乎所有物质反应并让它们燃烧起来。而除此之外，卤素的其他元素也个个性情暴戾，比如说左页介绍的溴。

　　图中的这个实验是著名的"溴巫师"实验，即液溴与铝箔的反应。在试管内装入少许溴并加入一团铝箔之后，反应就会在几秒钟后开始。由于反应放热，因此它会先喷出大量有毒的溴蒸气，从而为没有浸入液溴的铝提供反应氛围。接踵而来的便是火花喷涌的壮观效果了。**吸入溴蒸气会造成让呼吸道非常难受的灼伤，并持续至少 1 小时，所以千万不要轻易尝试。**

氯是卤素的代表元素，在室温下是一种黄绿色气体。我们可以在这根玻璃管中看到液态的氯完全是因为管内极高的压力。和所有卤素一样，氯气有强氧化性而且有毒，它在第一次世界大战的战场上曾作为毒气被使用过。

17

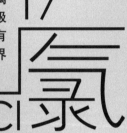

Cl 氯

氯是我们很常见的元素，平常家中所吃的食盐即为氯化钠。而氯作为元素周期表中卤素的第二位，也具有强于溴的氧化性。

由于气态的氯较难控制而且实验效果不太典型，因此我们选择了一种含氯的物质氯酸钾来进行下面的实验。氯酸钾是一种危险性丝毫不亚于氯气本身的物质，它可以把可燃物变成易燃物，把易燃物变成易爆物。在上一章的第 4 节"为火焰着色"中，我们就使用了氯酸钾和葡萄糖的混合物来作为反应的底料。没有其他离子的焰色干扰时，这种混合物在燃烧的时候就会出现右图那样的效果：正在和氯酸钾反应的糖产生亮色火焰和自主燃烧的糖产生暗色火焰。

而接下来的实验中，我们将会让这种强氧化剂与许多物质悉数反应，一起来感受一下这种两个极端的碰撞所产生的火花吧。

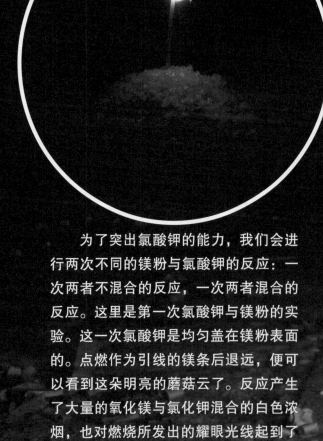

　　为了突出氯酸钾的能力，我们会进行两次不同的镁粉与氯酸钾的反应：一次两者不混合的反应，一次两者混合的反应。这里是第一次氯酸钾与镁粉的实验。这一次氯酸钾是均匀盖在镁粉表面的。点燃作为引线的镁条后退远，便可以看到这朵明亮的蘑菇云了。反应产生了大量的氧化镁与氯化钾混合的白色浓烟，也对燃烧所发出的耀眼光线起到了很好的散射作用。

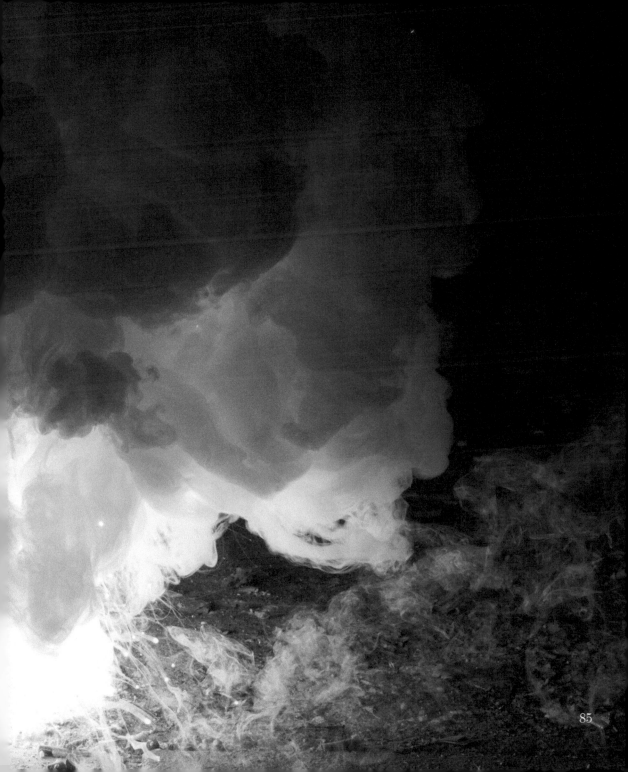

这一次的反应在看似停止的时候会留下这样的一堆明亮的熔融物。而这个时候实际反应并没有结束，只是生成的氧化镁盖在熔融物表面，起到了隔绝氧气的作用，从而使得反应看似终止了。这个时候只需要找一块石头向这团东西砸过去，使得内部没有反应的镁暴露出来，便可让氧气作为补充的氧化剂与之继续反应了。

在铁盘中进行的实验是氯酸钾与镁粉的第二次实验。与上一次不同的是，这次我们将氯酸钾与镁粉充分混合，然后同样用镁条点燃。如果进行现象预测的话，上一次没有混合两者会导致镁粉燃烧时氧化不足的问题，那么这一次将会充分反应，出现更加壮烈的场面。于是这一次我们在反应开始后百分之一秒内捕捉到了这个明亮的"蘑菇"，那么它接下来会如何"生长"呢？

这是反应过程中的第 4 张图，我们
将这张图旋转了 90 度。你看到了什么？
像不像宇宙中的一隅？如同闪烁着繁星
的银河一样。这便是化学反应的魅力所
在。

硫

S

16

硫俗称硫黄，是一种黄色的非金属元素。硫易燃而产生大量二氧化硫（即导致酸雨形成的主要物质之一），燃放烟花爆竹时的特殊气味就来源于此。硫是蛋白质的重要组成元素，对生命活动具有重要意义，其含氧酸硫酸也是极其重要的酸之一。

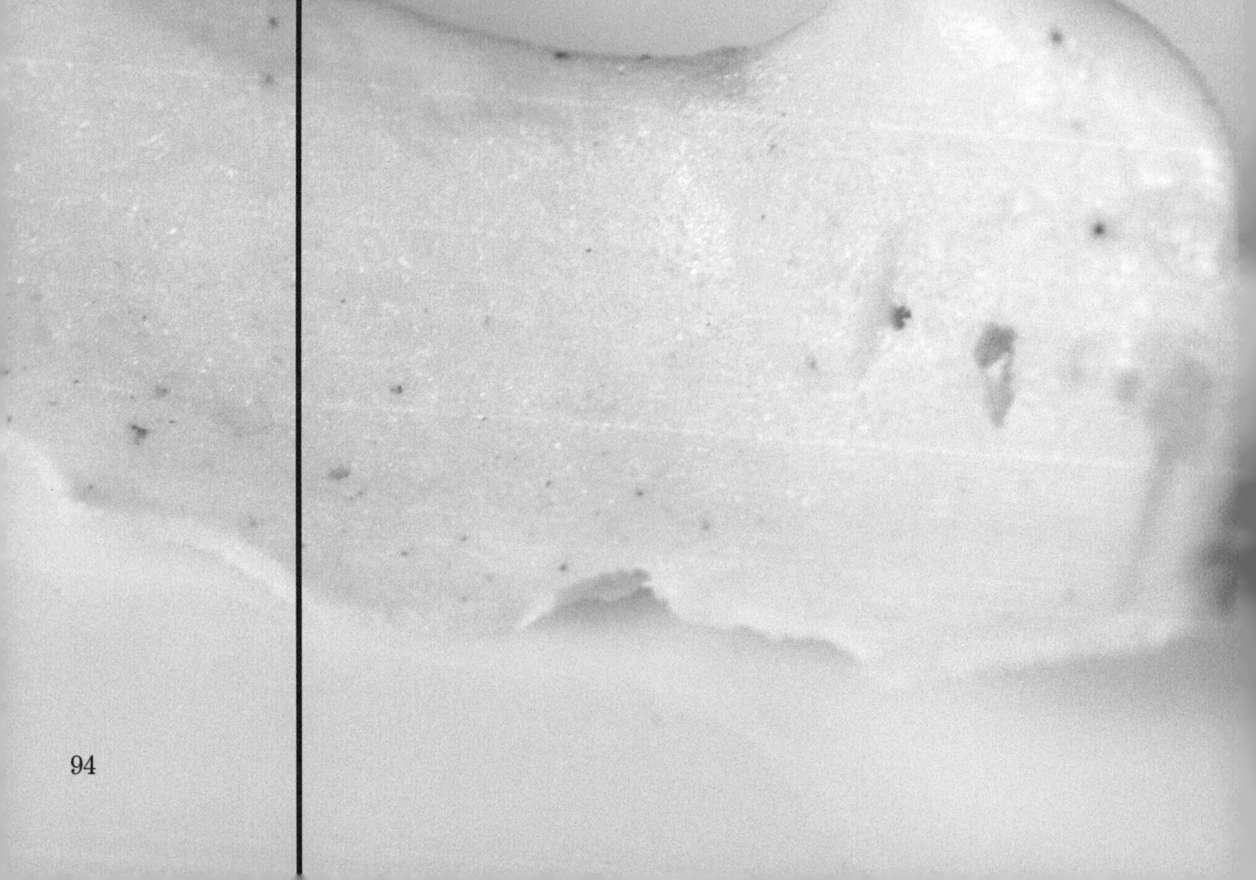

　　在没有氯酸钾存在的情况下，点燃后的硫会安静地燃烧，发出淡蓝色的火焰并放出刺鼻的二氧化硫气体。但是在氯酸钾存在的情况下，硫的燃烧便被彻底地激发起来了。

15 磷 P

磷是一种极易燃的非金属，其常见形态有红磷和白磷两种。白磷，又称黄磷，该物质有剧毒并会在空气中自燃。而红磷则无毒并被用于制作火柴。磷还是生命体中的重要元素，几乎会参与生命体内的所有化学反应。

警告！氯酸钾与磷的反应是绝对的禁忌！甚至连二者的混合都是绝对禁止的！这个实验在被人传到网上之后，已经造成了数十起因模仿不当引发的伤亡事故。 不只是因为磷会像之前氯酸钾和镁粉那样剧烈反应，而是它们之间的危险会从二者相接触的瞬间开始！

　　对这个原因最简单的解释是，在微观层面上氯酸钾的结构和磷的结构几乎可以无缝对接。所以在两者混合的时候，反应随时都可能毫无预兆地发生。反应的效果则是爆炸式燃烧，而且火焰会粘在任何东西上燃烧。该火焰不宜扑灭——燃烧中的磷被熄灭后会生成剧毒的白磷。图为氯酸钾固体与红磷撞击的瞬间。

红磷的燃点只有 240 摄氏度，这也决定了它虽易燃但相对较为安全。红磷的分子结构到现在还没有搞清楚，也算是化学界的一件奇闻。它在燃烧的时候会产生大量五氧化二磷白烟，这也是它被用于制造烟雾弹的原因。虽然红磷本身无毒，但它未燃烧的蒸气如果冷凝的话便会生成剧毒的白磷。白磷只要口服 0.1 克左右就可以致人于死地，它甚至可以经由皮肤被吸收。此外，五氧化二磷与冷水反应还会生成同样剧毒的偏磷酸。这也就是不适合用水扑灭磷燃烧的大火的原因——这的确可以灭火，但生成的大量毒物不适合后续工作的展开。

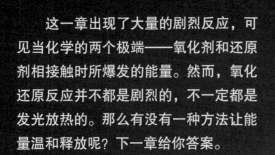

　　这一章出现了大量的剧烈反应,可
见当化学的两个极端——氧化剂和还原
剂相接触时所爆发的能量。然而,氧化
还原反应并不都是剧烈的,不一定都是
发光放热的。那么有没有一种方法让能
量温和释放呢?下一章给你答案。

第三章

当能量温和释放
褪去火热的外衣后
它将发出属于自己的
温和而璀璨的
七色光芒

化学之光

荧光棒原理的发光实验

　　每逢夏季，在广场、公园喷泉周围都会出现一些卖荧光棒的人。想让这些荧光棒发光只需要窝两下，然后它就能亮好几小时。这种发光就是通过化学反应实现的。我们窝荧光棒的动作实际上是隔着塑料外管将玻璃制成的内管折断，让内管中的溶液与外管中的溶液混合。然后这次发光的反应就开始有条不紊地进行下去了。

　　比起普通的灯光和自然光，化学的发光本身就是一件神奇的事情。而与所有的化学反应一样，这其中也伴随着能量的传递与转换。正如手电筒中电池供能、灯泡把电能转换成光一样，化学发光是通过化学反应供能，并由一种可用作"灯泡"的物质将这些能量转化为光。这类物质就是本节的主角，它们被称为荧光染料。

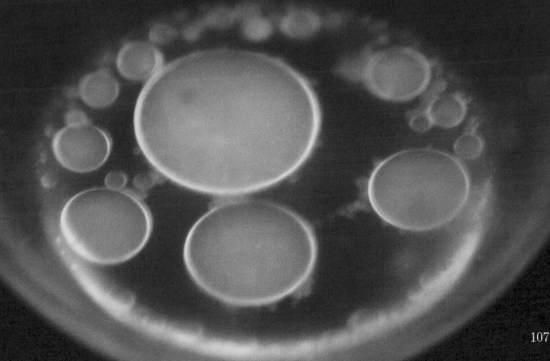

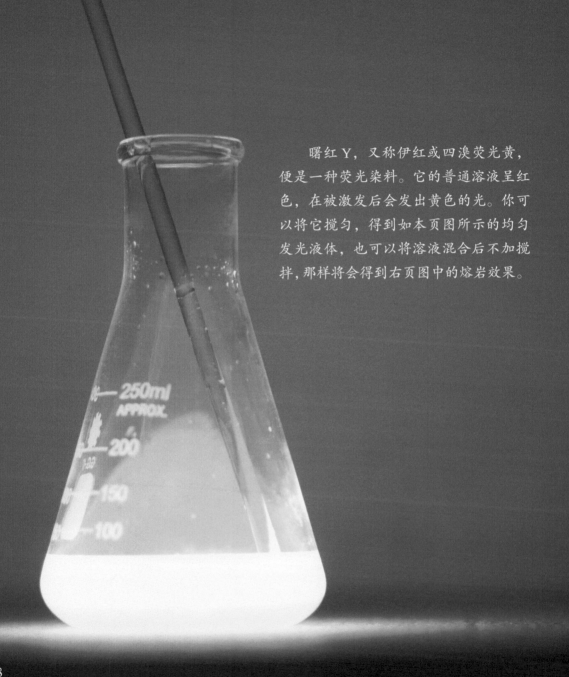

曙红 Y，又称伊红或四溴荧光黄，便是一种荧光染料。它的普通溶液呈红色，在被激发后会发出黄色的光。你可以将它搅匀，得到如本页图所示的均匀发光液体，也可以将溶液混合后不加搅拌，那样将会得到右页图中的熔岩效果。

250ml
APPROX.
200
150
100

108

本实验的原理相对烦琐，这里的介绍基本上也是本书中最难懂的一段了。如果理解起来吃力的话，完全可以选择跳过下面的解释，直接看本页最后一段的实验方法。

这一整套实验的逻辑实际上前面已经提到过了。如同手电筒发光是由电池供能一样，在这里我们需要一个化学反应来供能。而可以释放能量的氧化还原反应则是一个很好的选择。因此我们找到了一种可以符合要求的物质，只不过它有一个长得吓人的名字："双（2,4,5-三氯水杨酸正戊酯）草酸酯"（接下来为了适于描述，我们在本节内容中简称它为"双草酸酯"）。让它与过氧化氢发生氧化还原反应，就可以得到所需的能量了。

然而，双草酸酯是一种白色固体粉末，它不溶于水，而我们的荧光实验要在液体中进行，所以需要找一种物质来溶解它。这种物质就是用作溶剂的邻苯二甲酸二丁酯（以下简称为"二丁酯"）。然而，双草酸酯可溶于二丁酯，但二丁酯却不溶于溶解过氧化氢所用的水。二丁酯与水放在一起就像油与水一样会分层，这该怎么办呢？

就像洗洁精可以同时溶于油和水一样，叔丁醇是一种可以同时溶于二丁酯和水的物质，它可以将二者结合起来。这样来看，我们的实验就可以进行了。但是为了得到更好的效果，我们将加入最后一种物质——聚丙烯酸钠。它会起到一个让亮光更强的催化作用，好比灯罩的反射作用一样，使发光更明显。图上杯子里以及外面的颗粒状固体即为吸饱了水的聚丙烯酸钠。

综上所述，本实验的过程就是：将双草酸酯溶于二丁酯，之后与 30% 的过氧化氢溶液混合，并加入叔丁醇结合二丁酯和过氧化氢这两种不互溶的液体。然后在这一杯用于供能的液体中加入少许荧光染料，溶液便开始发光了。除此之外，再向其中加入一些聚丙烯酸钠，还可以增强亮度。**事实上，这个效果柔和的实验具有潜在的危险性。一是几乎所有荧光染料都有致癌性，二是实验用到的双草酸酯会在处理不当的情况下生成毒性极高的二噁英。所以非专业人员还是不要碰为好。**

大多数情况下两种不同颜色的荧光染料是不共存的，它们会互相引起发光现象的猝灭。但是有时还是可以捕捉到几种物质一起发光的画面的。图为向蓝色荧光液中滴加红色荧光液。

罗丹明 B，一种人工合成的荧光染料，由于其溶液呈玫瑰红色而曾被用作食品添加剂，直到它被证明致癌后才被禁止使用。在荧光实验中，它会在被激发后发出红光。

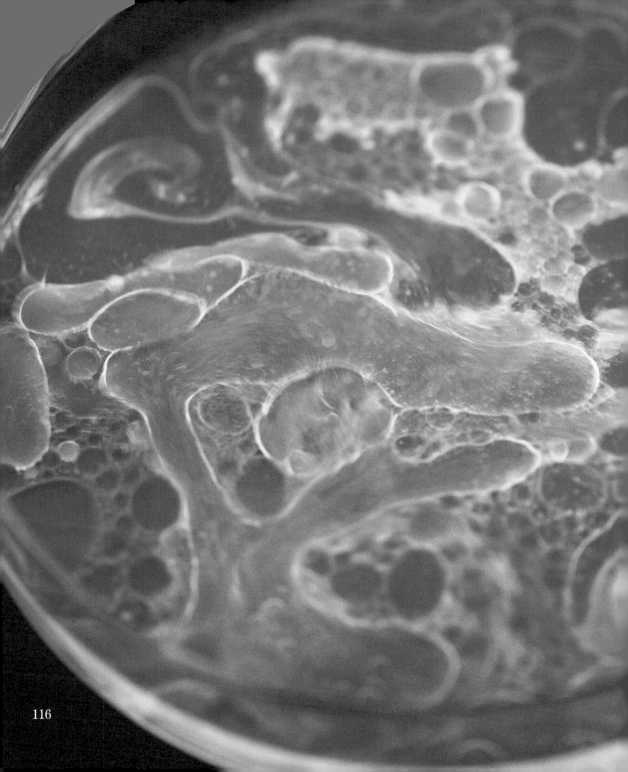

在这张图上可见发光的核心——那些未完全溶解的荧光染料。

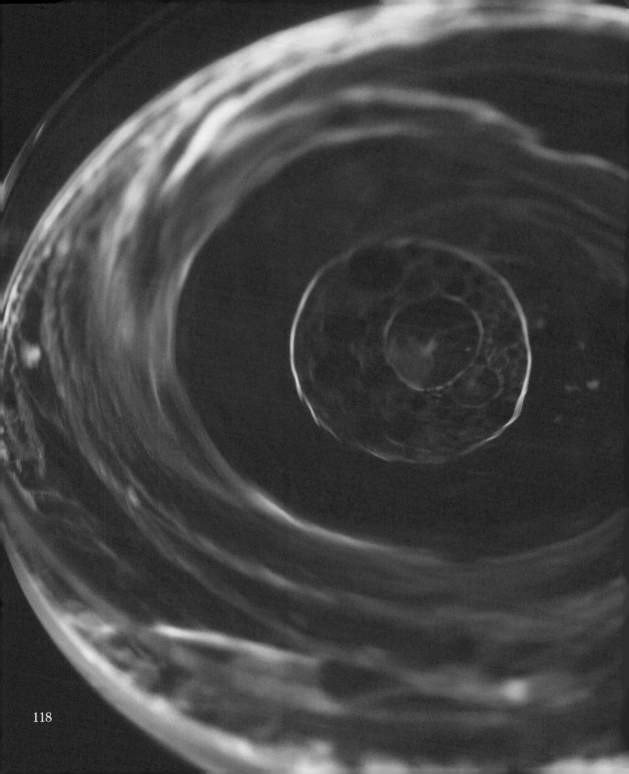

发光的气体

发光的液体固然奇妙，但可以发光的却不只有溶液。实际上，气体也可以在一定条件下发光。和液体发光实验一样，任何类型的发光实验之中能量都是必不可少的。那么用什么给气体供能比较合适呢？答案是电。电是一种常见的能量来源，灯泡通过电的供能而使钨丝红热来照明，灯管通过电子激发管壁上的荧光物质来发光，而老式电视机则是让电子枪将电子打在其前方的荧光屏上让屏幕亮起来的。这样来看的话，电与和气体有关的发光的联系还是比较紧密的。

右图是一把放电枪的发射头，它可以通过极高的电压来释放出一定量的电子。而电子在穿过空气的时候，让空气中的某些气体被激发，从而让我们见到了这些电弧。接下来的一部分实验中，它便是一个很好的电子发射者，来给一部分气体供能以使之发光。

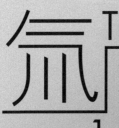

氚

氚即超重氢，是氢的放射性同位素，因此在元素周期表上与氢处于同一位置。氚具有 12.4 年的半衰期，在这个过程中它会以 β 衰变放出电子，然后转化为稀有的氦-3。氚是制造氢弹的原料，在生物学上用于同位素标记法。

图为左页的氚管在黑暗处的样子。值得一提的是，它所发出的光并不是来自于氚本身，而是涂在氚管内表面上的一层荧光物质。氚衰变时放出的电子打在这层荧光物质上便将它激发点亮了。这和灯管的原理一样。只不过在这管氚完全衰变为氦-3之前，电子是不停释放的，因此这些荧光物质也会一直亮下去达几十年之久。现在的氚光钥匙链和手表都是利用这个特性制成的。

由于β衰变所放出的电子无法穿透皮肤，所以氚是一种相对安全的放射性元素。但是如果将氚管打碎而将这种气体吸入体内的话，这种放射性元素的内照射将会严重危害健康。

7 氮
N

氮是一种常见元素，空气中有 78% 都是氮气。氮气常温下很稳定，不易发生化学反应。在本页图中，氮气在通电时发出了蓝紫色的光。而放电器发出的电弧是同样的颜色，这是电子同时点亮空气中的氮气的最好证明。

说到气体发光，就不得不说稀有气体了。它们排在元素周期表最右边一列，由氦、氖、氩、氪、氙和氡6种元素组成。气体单质一般都是由双原子分子构成的，如左边的氮气。但是稀有气体却全部都是由单原子分子构成的，这是因为稀有气体元素的原子中最外层电子都是排满的，几乎不能再与其他元素结合，包括它自身。这点从它们曾经的另一个名字"惰性气体"就能够看出来。所有的稀有气体都具有通电后发光的特性，所以它们的一个重要用途便是制作霓虹灯。

　　右图中在电枪的电弧下发光的3种气体从上到下依次为氖气、氦气和氙气。实际上，稀有气体甚至所有气体通电发光的颜色还和电压的高低有关。由于原理烦琐，在此不做赘述。

氖是一种稀有气体元素。和一切稀有气体一样，氖气也具备极其稳定的化学性质。氖气因为在通电时发出橙红色光芒而被用于霓虹灯内。世界上第一个霓虹灯就是充氖气制成的，所以霓虹灯最早被称作"氖灯"。

10

氖 Ne

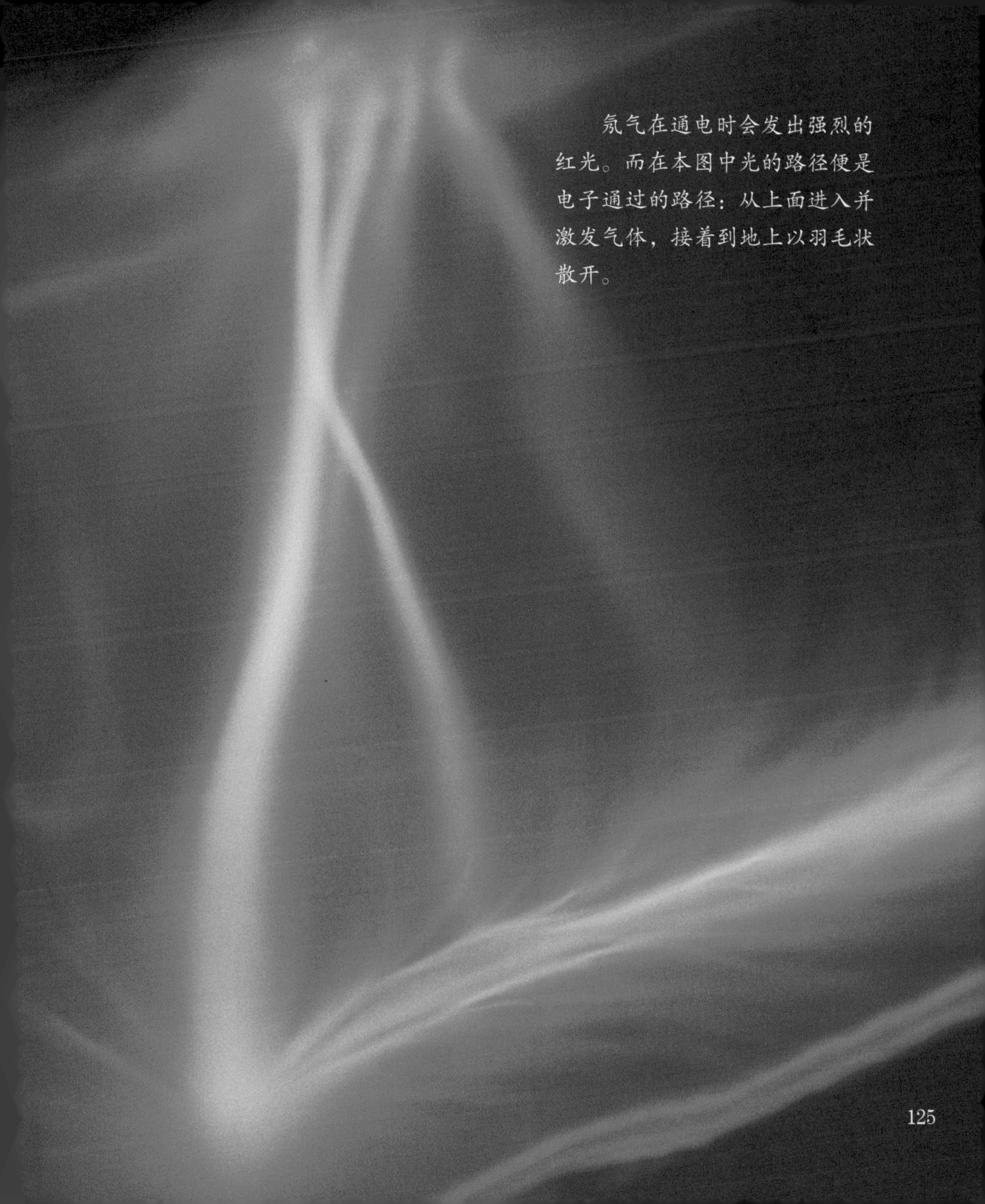

氖气在通电时会发出强烈的红光。而在本图中光的路径便是电子通过的路径：从上面进入并激发气体，接着到地上以羽毛状散开。

这是一种小摆设——等离子球，它的核心是放电的高压电极和球里的稀有气体。

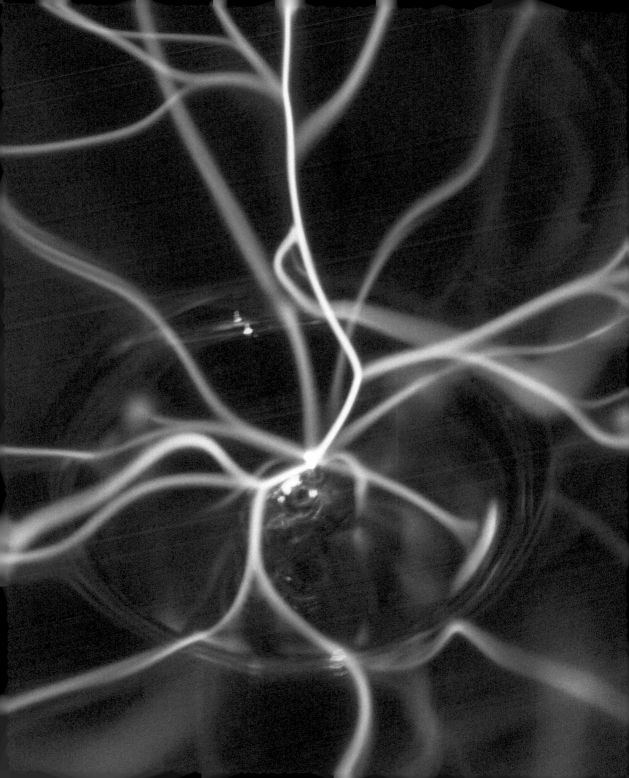

会吸光的稀土荧光粉

　　人们对于光的追求导致我们对于发光物质的研究一直没有停止。其中，荧光粉便是一个热门课题。

　　和所有的发光一样，荧光粉要发光的话也需要能量。最初的荧光粉中提供能量的是放射性元素，因此对人体的危害极大，已经几乎不被使用了。现在我们所使用的，通常是含有稀土元素的荧光粉。

　　目前常见的稀土荧光材料是以硫化锌、硫化钙等硫化物配合铝酸盐作为发光基质，然后以稀土元素作为激活剂制成的。这一类的荧光物质具有吸光能力强、性质稳定的特点。

　　今天，荧光材料涉及我们生活的方方面面。比如用荧光粉溶于有机溶剂所制成的荧光装饰材料、纸币上的荧光防伪油墨等。荧光粉以及其中的稀土元素在这方面功不可没。

65 铽

Tb

铽元素位于元素周期表中镧系元素的第 9 位，是一种外观银白色的柔软稀土元素。它通常会在荧光粉发光的过程中起到活化和激发的作用。在自然界中，铽与其他稀土元素共存于独居石砂中。

用以激发稀土荧光材料的能量就是光能，稀土荧光材料会在被光照射后的一段时间内继续发光。这种现象称作余辉。而稀土元素在其中的作用是有效地增加余辉时长，提升荧光粉的发光性能。

图中的绿色荧光粉通常是发光亮度最高的，中间的分界线来源于不平均光照。我们先照射整堆荧光粉，然后用隔板来分隔光线，照射其中一半，关灯后便出现了这样的效果。

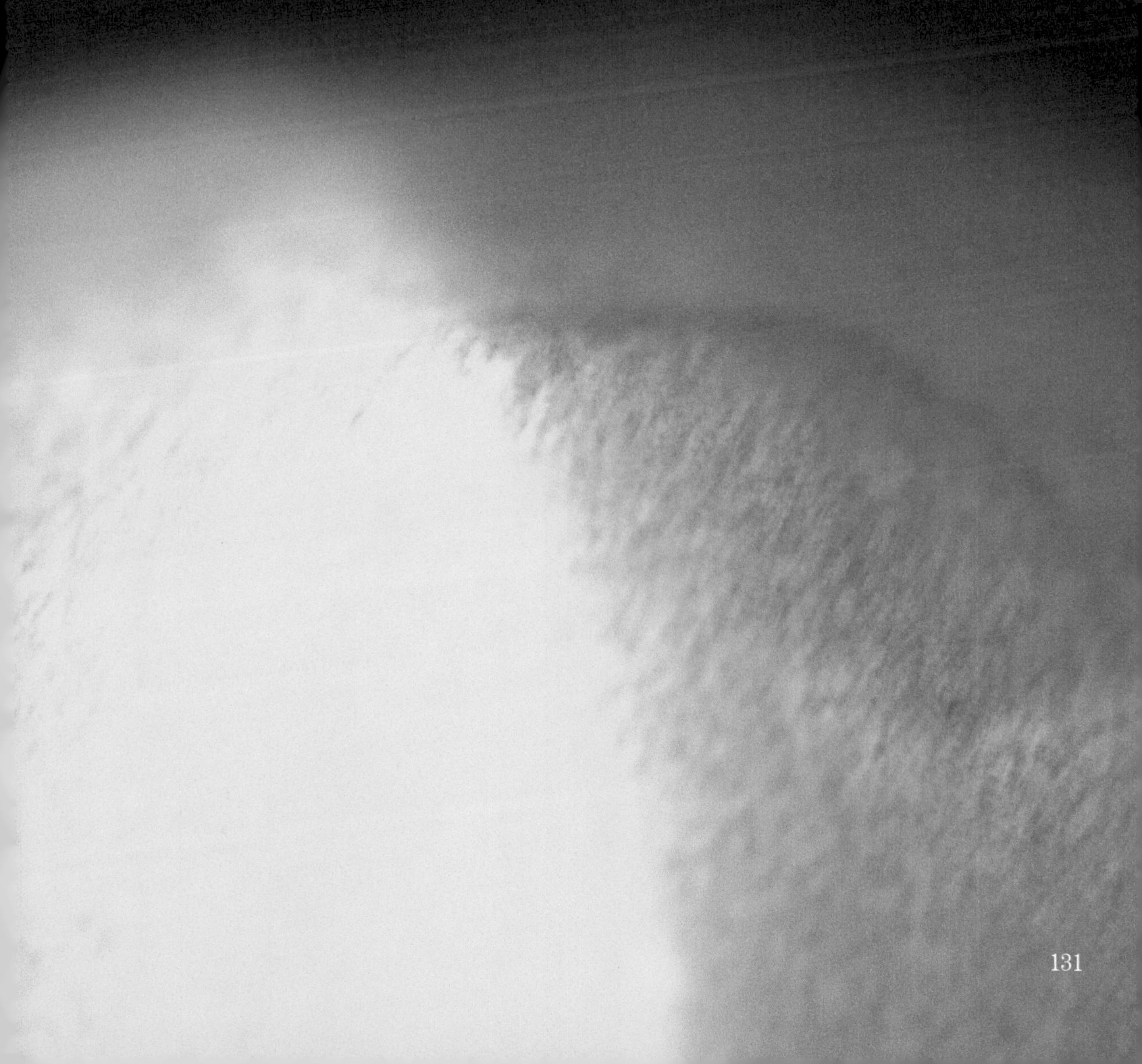

一堆照射后稳定发光的蓝色荧光粉。右页图中可见将这堆粉末铺开后不均匀的厚度也会对其发光强度产生影响，出现这种海面浪花似的效果。

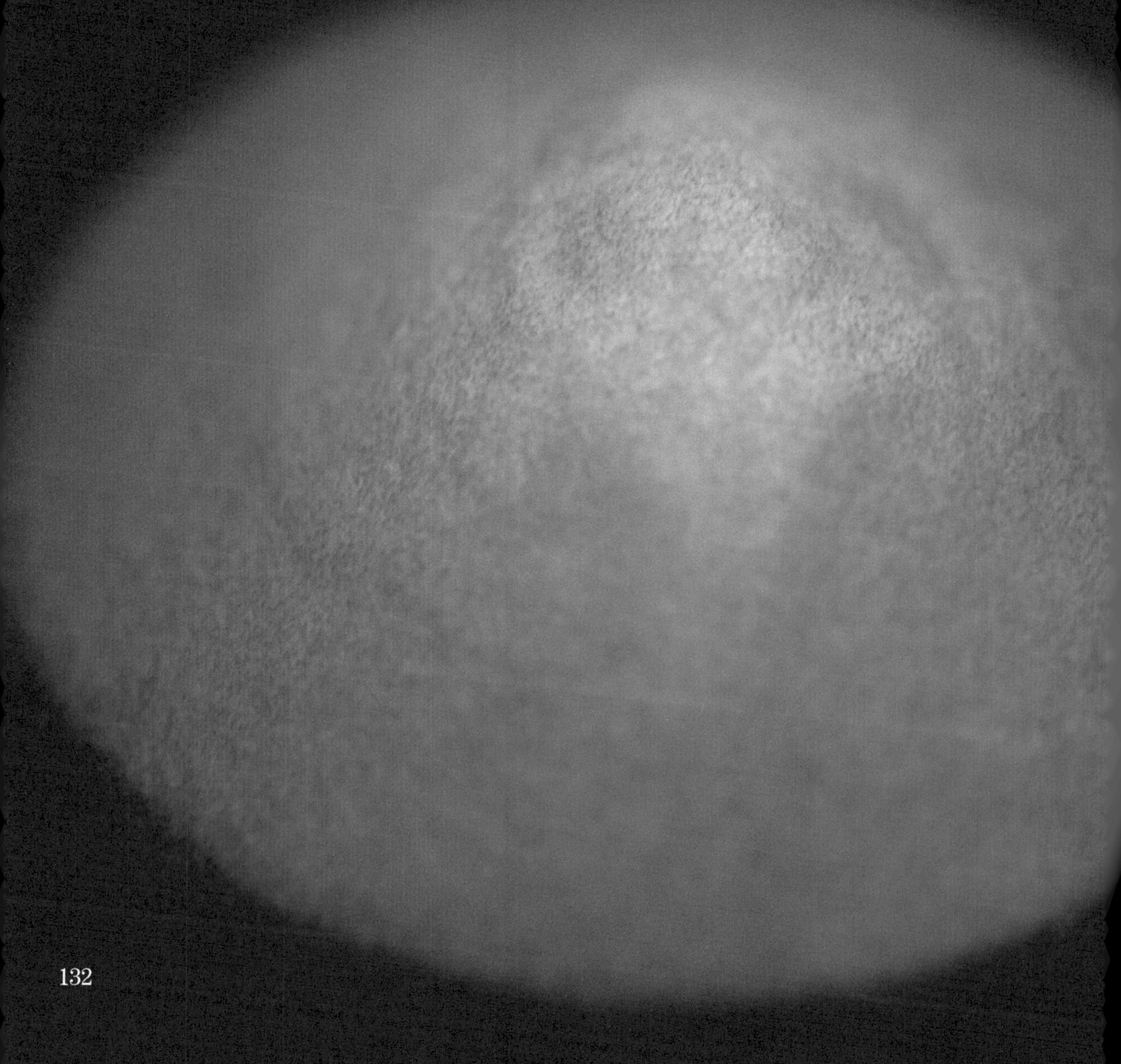

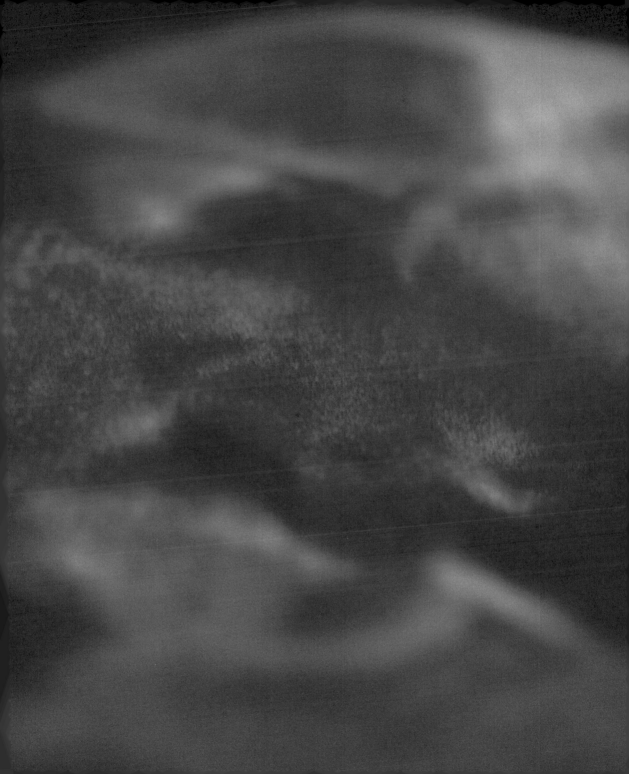

铕 ^Eu

63

铕是一种稀土元素，位于元素周期表中镧系元素的范围内。它的氧化物是荧光粉的重要原料。铕还是稀土元素中最活泼的金属，就在从氩气的保护中将它取出来并拍完这张照片的5分钟后，它上面便不再有任何的金属光泽了。

将红色荧光粉照射后摊开，就会看
到这如同熔岩一般的效果，其中的暗处
是由于一开始堆状荧光粉中心接收不到
光照而无法发光造成的。

发展到今天，荧光粉已经有了大量的色彩，有的艺术创作者还会用它们来进行艺术创作。值得一提的是，由于部分荧光粉在自然光下的颜色和被激发后发出的光的颜色不同，因此这些作品也就有了不同的感觉。

光是一种物理现象，但在化学的作用下也变得无比斑斓。这便是化学的魅力。然而，彩、烈和光这 3 个类别根本无法将所有实验包含，因为化学能做到的还有很多。

第四章

化学可以制造
最不可思议的效果
这便是
化学的魅力
属于元素的奇迹

化学之

魅

晶　体

　　万物的化学组成不同，即它们所包含的原子及分子不同。而每个分子、原子的排列方式也都是不同的。当这些分子照着一定规律的排列方式连成固体时，在宏观层面上，我们直接看到的便是具有规则几何形状的晶体了。晶体具有固定的熔沸点，如冰就是一种晶体。与之相对的非晶体是没有固定熔沸点的。常见的非晶体如玻璃、橡胶、蜡等，都不是我们这里要研究的对象。

　　右图是在乙二胺中滴入硫酸铜的效果。生成物并不是一种沉淀，而是一种叫作硫酸乙二胺合铜的络合物。这种物质的颜色要比铜盐溶液本身蓝得多。我们要介绍的第一种晶体便是这种物质的晶体。

制作晶体最常用且操作简单的方法就是蒸干饱和溶液法。这种方法只需将你要制作晶体的物质大量溶于水，直到溶液不能再溶进去更多的该物质为止，这时达到饱和状态，然后将溶液慢慢晾干即可。图中这块蓝色的硫酸乙二胺合铜晶体就是这样制成的。制作晶体切记不能心急，如果想省时间而直接用火蒸干溶液的话是不可行的，这会造成溶液的扰动，从而使得大量碎块从容器底部析出。

从一种物质的晶体可以窥到它的分子排列方式，因为晶体可以看作分子空间中结构的放大。正因如此，晶体是脆弱的，极易受外力影响而损毁。图中的晶体的整体长度只有 4 毫米，所以可以想象上面每一个分支的厚度之薄。

这是一块天然的萤石晶体，即氟化钙。这种物质通常是白色粉末状固体，但结晶之后，规则的分子排列便可以让光线从其中透过了。这种物质的晶体通常是正方形的，而图中的这个正八面体的结构也说明了这块萤石的稀有程度。

这是醋酸钠，它有一个极为显著的特点，让我们可以用新的方法制备它的晶体——过饱和法。这种物质在溶于水时，可以溶解超过它溶解度的量，而使溶液达到过饱和状态。这时的溶液只要稍有扰动，比如在其中加入一些杂质便会造成晶体的大量析出。这在制作晶体时可以算是速成了吧。只是大部分物质都会严格遵守自己的溶解度的，所以过饱和法就显得极为小众了。

从左页图所示醋酸钠的针状晶体，不难猜出醋酸钠的分子排列方式。实际上晶体不只限于化合物，一些单质也可以制成晶体。图中是金属铋，在一些特定条件下它可以形成金属晶体。事实上所有金属都能形成晶体，只不过我们常见金属的形态都是熔化后倒进模具形成的罢了。

83 铋 Bi

铋曾被认为是元素周期表中最后一个稳定元素，但 2003 年科学家们发现它具有极其微弱的放射性——弱到它的半衰期比宇宙寿命还要长。铋还有一个奇怪的特性：热缩冷胀。所以这种奇怪的元素能长出如此惊异的晶体也就不足为奇了。

　　将铋熔成液体，然后冷却到没有
完全凝固时取出，就可以看到这样的
晶体了。方形的构造来自于铋的原子
排列方式，而上面的颜色则是它在空
气中被氧化后，氧化膜薄厚不均而偏
折光线造成的。

铋晶体非常脆。这组图中出现的这几块铋晶体原本是一块很大且很完整的晶体。虽然已经做了充分保护，但是运输途中它还是不幸被损坏成了几块。幸好独特的结构和彩色的外表还在。除了铋，钒也可以有这样的效果，只是表面色彩的成因不同。

当碘化钾与硝酸铅相遇的时候就会生成这样明黄色的碘化铅沉淀。和所有的沉淀一样，这样生成的块状碎屑并不是特别漂亮。但是碘化铅却有一个特性，能让它出现一种完全不同的效果。

前面说过，让物质的溶液析出晶体是一种制作晶体常用的方法。但是碘化铅是一种沉淀物，该怎样让它析出呢？答案就在碘化铅的溶解度中。碘化铅的溶解度随温度变化非常明显，温度越高，溶解度越大。所以让这种沉淀在热水中溶解一部分，就足够生成晶体了。降温后，它会从溶液的各个部分均匀析出，出现右页图所示的现象。这个实验有一个具有诗意的名字：黄金雨。

黄金雨实验中每一个粒子都是一个极其微小的碘化铅晶体，正是它们的折射与反射造成了这样一种令人惊讶的效果。左页图所示为高浓度溶液，本页图所示为用乙醇稀释后的景象。

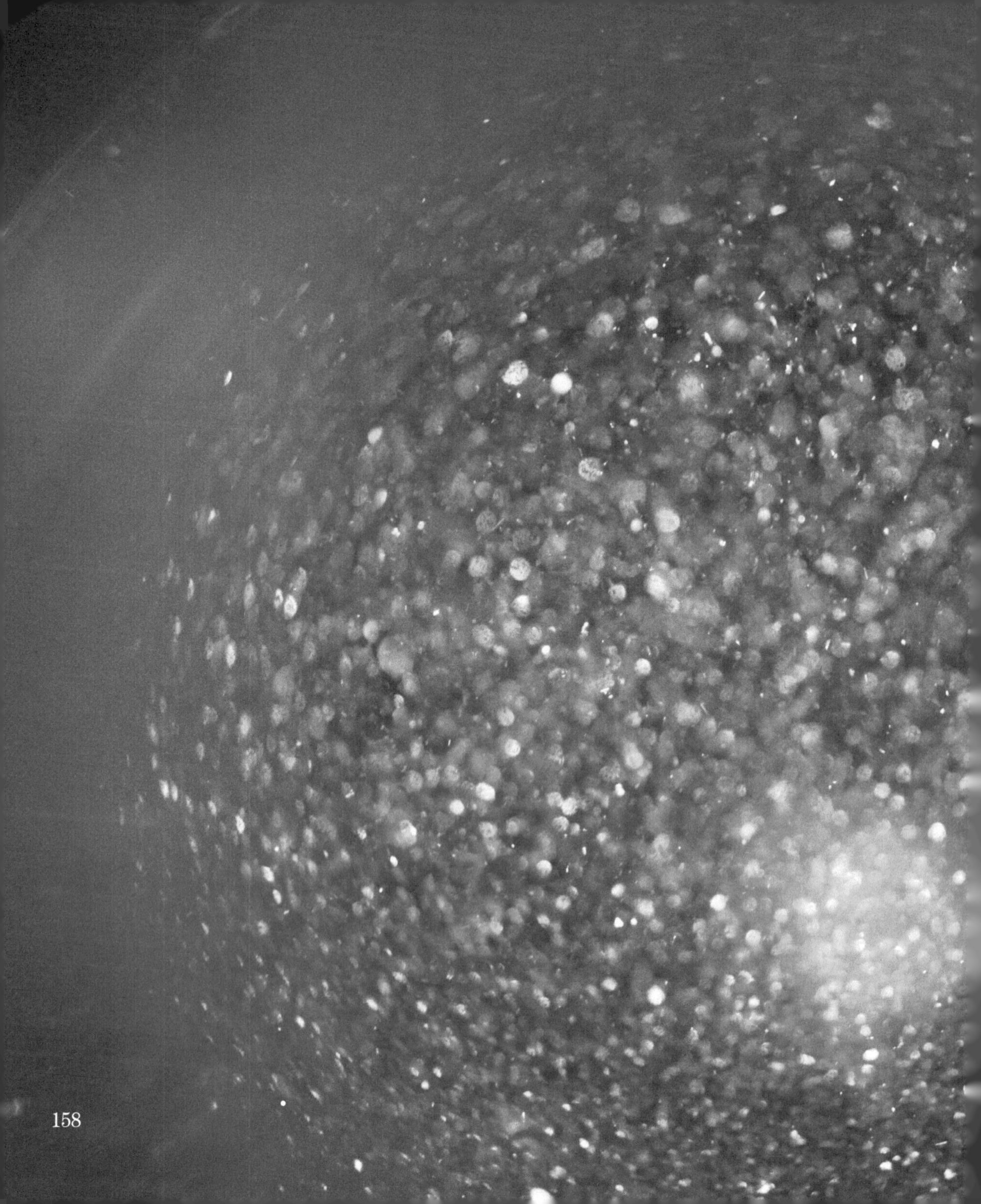

物质的分解

　　既然许多种物质之间可以化合，那么也会有方法将一种物质分解。这便是分解反应。我们最常见的分解反应中经常会有加热或高温的条件并伴随着气体的生成。如电解水生成氢气和氧气，加热高锰酸钾分解为锰酸钾、二氧化锰和氧气，以及灼烧碳酸钙生成氧化钙和二氧化碳，等等。而由于分解前的物质和分解后的物质具有较为明显的差别，因此许多分解反应也会出现一些非常特别且令人惊讶的效果。

　　图中这种橘黄色的粉末是重铬酸铵固体，它也是一种会在加热时分解的物质。那么它在分解的时候会有什么样的效果呢？

将重铬酸铵放在一个这样的小盘子里，然后滴几滴乙醇将它点燃，之后就可以看到这样的效果了。重铬酸铵分解生成绿色的三氧化二铬、氮气和水。其中三氧化二铬便是反应中落下的固体粉末，而氮气和水在生成时是气态的，起到了将物质吹起来的作用。这个反应是放热的，因此反应过程中可以出现这样的亮光。这个反应因为它特殊的效果而被称为"火山爆发"。

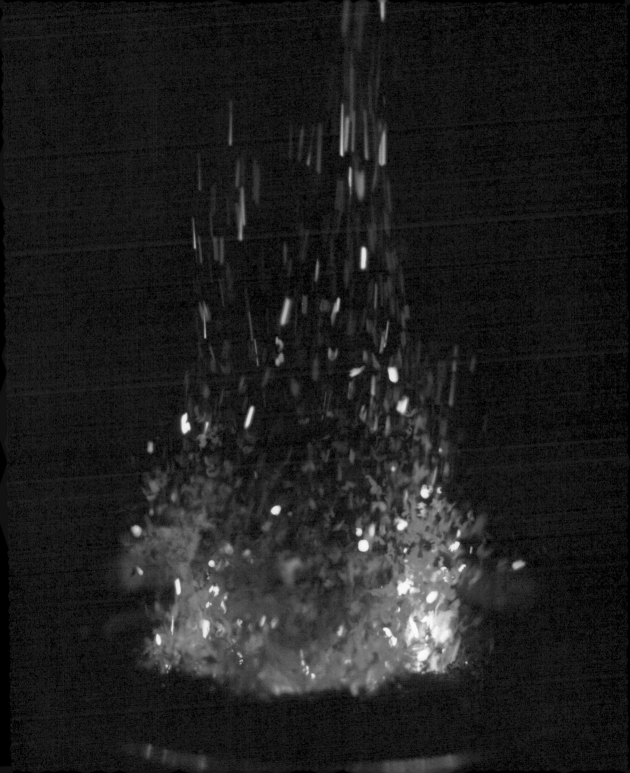

反应结束的时候，会在现场留下一个由疏松三氧化二铬堆成的"火山口"。作为整场反应的谢幕，这简直和真的火山爆发一模一样呢！

这是一个你可以在家做的实验。上图是用葡萄糖酸钙片磨成的粉，为了易于点燃而在其中加入了少量乙醇搅拌，从而产生了这种似聚非聚的效果。葡萄糖酸钙在点燃后也会分解，但是它的分解速度远不如重铬酸铵快。这也让它有了不一样的分解效果。

　　本实验被称为"法老幼蛇"。与生成剧毒气体的"法老之蛇"实验相比，这个实验安全了不少，但效果也稍打折扣。葡萄糖酸钙受热分解时会生成碳酸钙、二氧化碳和水，而二氧化碳和水将剩余的反应物吹起来，膨胀成了这个样子，正如一条条小蛇一般生长、卷曲，而它的特写更像是异界的森林般神秘。

生命之源

  水是我们最常见的液体，就连许多不懂化学的人都知道水的化学式是 H_2O。这种由氢元素与氧元素结合而成的物质具有极其特殊的性质，没有水就没有生命。地球表面 71% 的面积覆盖着水，0 摄氏度的规定是一个大气压下水的凝固点。而它在化学中的地位更是不容忽视。我们最常用的酸碱理论的定义中有它,化学反应中最常用的溶剂是它,许多反应能够进行是因为反应的过程中有它的存在。它可以让物质溶解于其中,在整个溶液所具备的极广的空间内发挥出最显著的反应能力。

铜 Cu

29

铜是一种极为常见的金属，是人类最早发现的金属之一。自然界中它存在于诸多矿石中，甚至能以单质形态存在。铜具有紫红色的光泽，导电性与导热性都很好。这使得它在工业生产、电子及医药等众多领域都不可或缺。

硝酸银是最常用的可溶性银盐，它可以与铜发生置换反应，生成硝酸铜与银单质。如果让两种固体直接反应的话，反应会由于接触面积太小而极其缓慢，而将硝酸银溶于水后再让它的溶液接触铜就可以快速发生反应了。由于硝酸银对水中的很多杂质较为敏感，容易产生沉淀，因此硝酸银溶液必须用蒸馏水加以配置。图中的液体即为用蒸馏水配成的硝酸银溶液，而中间的棒状金属是一根高纯铜棒。该照片是两者接触一分钟左右时拍摄的，可以看到铜棒的表面已经形成了一层白色的银。而仔细看的话，此时的银是以极其细小的晶体形态存在的。一层小小的银针所形成的膜成为了这根铜棒新的外衣。看到这里，可能有的读者会眼前一亮，说这是不是一个制备银的发家致富的方法呢？其实不然。硝酸银这种物质的价格是远远高于银的。所以与其用硝酸银来制银，还不如直接买一些投资用的银条存下升值来得实惠。

当这根铜棒表面银太多的时候，下面的银支撑不住上面的银，就会导致一次脱落的发生。但是脱落后露出来的铜支持不了几秒，旁边的硝酸银溶液便会再一次让它的表面长出针状的银晶体。

银

Ag

47

银是一种常见金属，它的导热导电性几乎是最好的，而且具有仅次于金的良好延展性。在历史上银是价值仅次于金的金属，它和金一样被世界各国用在货币及饰品上。而银离子极强的杀菌作用也使得它在医学中发挥着作用。

　　硝酸银溶于水后会产生可以自由运动的银离子，正是它们在和铜发生快速的反应后生成了银单质。化学反应中电荷是守恒的，所以银离子和铜反应后，铜将银置换出来，而后以离子的形式重新出现在溶液中。铜棒上的银在第二次发生剥落时，我们已经可以明显看到溶液的上半部分变蓝了。这便是生成的铜离子的特征颜色。而由于溶液的密度不同，上半部分铜的"领地"中，银离子会越来越少，反应也越来越缓慢。最后上半部分会生成极其细微的毛毛状的银，而下半部分由于银离子充足也会越来越粗。最终溶液会完全变蓝，而下面的银会撑住上半部分，使其不再脱落，从而达到一个稳态。

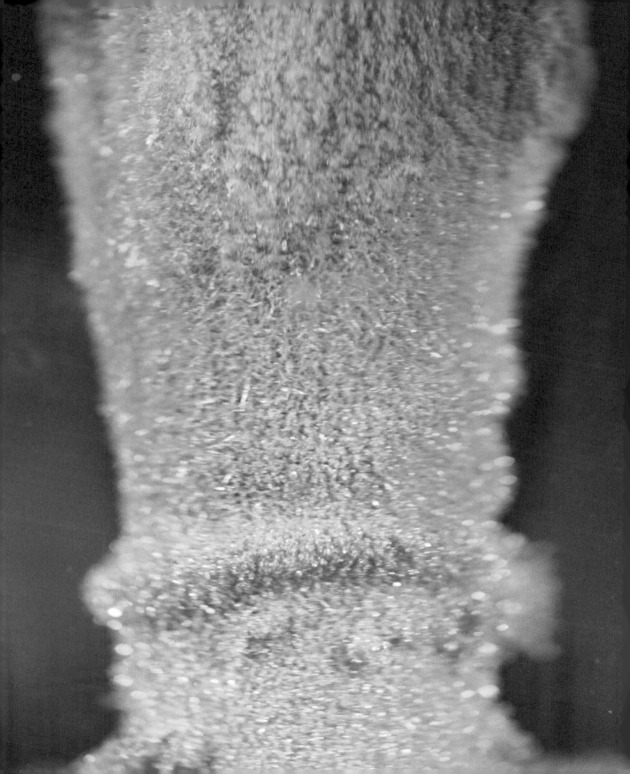

反应结束时，整个装置如同一个微缩的海中仙岛一般梦幻。蓝色的溶液、反光的银针、垂下的毛状银丝与未反应的紫铜共同构成了这样的奇景。

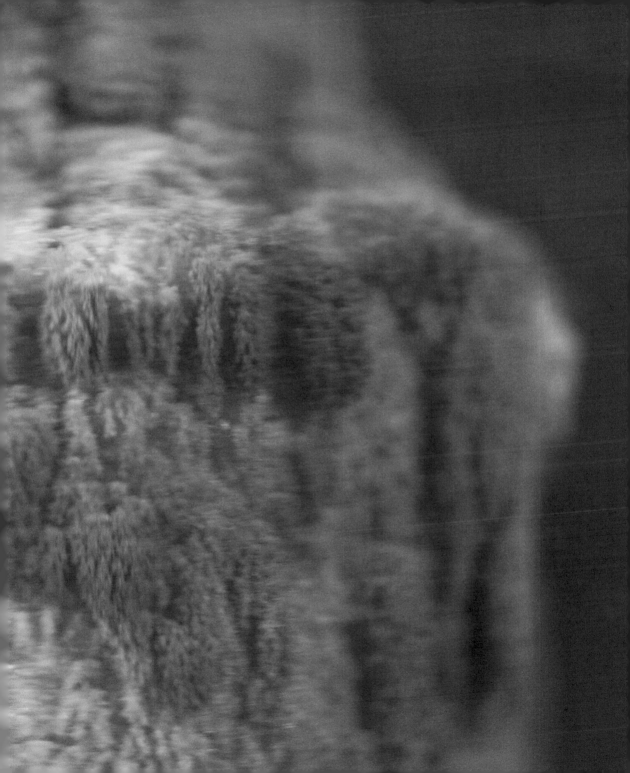

这张照片所显示的场面大家一定不会陌生，因为我们在第二章"化学之烈"中展示过很多类似的照片。但是，为什么我们在这一章介绍它呢？这是因为仅仅一点微量的改变就使得这个反应在接下来有了不同的效果。

从这个强光的效果中大家不难想象到反应的参与者之一是镁粉，而另一个是一种氧化剂。但这一次有一点不同：这个反应不是用镁条或者其他什么东西点燃的，引发这个反应的仅仅是一滴水而已。

这个反应非常危险，任何在家尝试的行为都是禁止的。 该反应的试剂是硝酸银粉末与镁粉混合而成的，让这种粉末发生反应的催化剂则是水。事实上二者相遇时便开始反应了，但是反应的生成物会将它们隔开从而使反应暂停。而水的出现恰恰溶解了这种生成物。于是这个放热的反应便在接下来的半秒内将混合物引燃了。

除了镁粉之外，水蒸气和银的参与也给这个反应带来了新的视觉体验。

避开镁发出的强烈白光后，我们又能捕捉到怎样的惊喜呢？

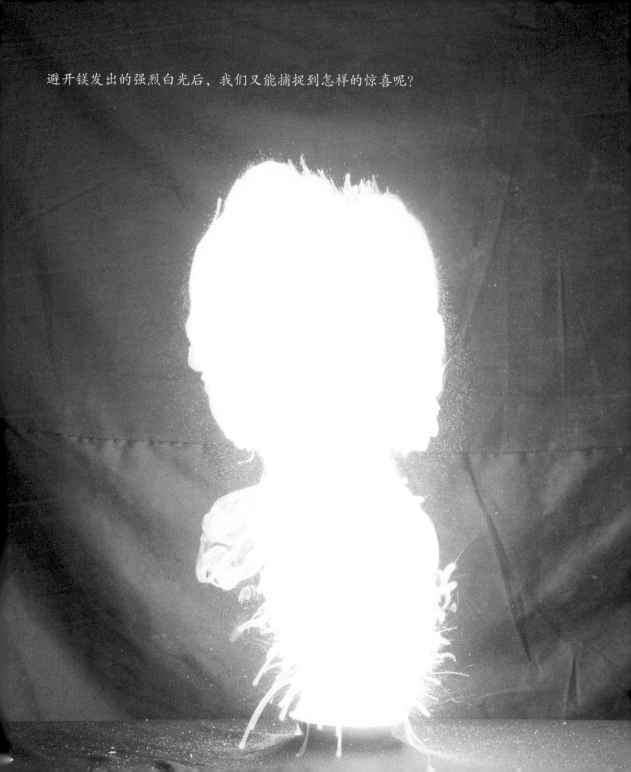

躲过反应第一阶段镁粉带来的闪光后，第二阶段便可以捕捉到这样漂亮的"蘑菇"。只不过用肉眼是几乎看不到这样的景象的，因为镁的强光会把这些奇妙的存在全部隐藏。而接下来的第三阶段则会出现更加奇妙的现象，其中独特的颜色和反应生成的银颗粒有着分不开的关系。

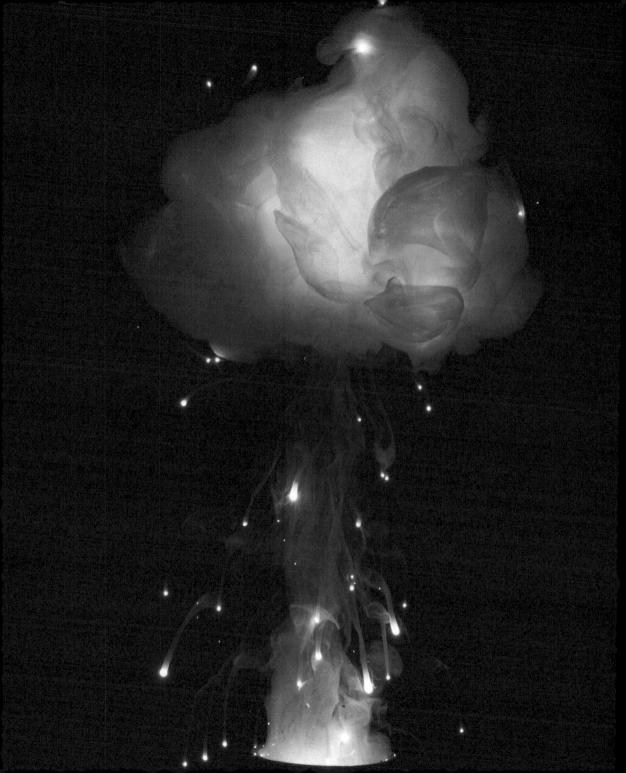

图为在左页图所示反应阶段抓拍到的另一张照片旋转90度的效果。这是本书中我们第3次在化学反应中看到宇宙了。这一形状与真实的星云有着极为相似的样子。

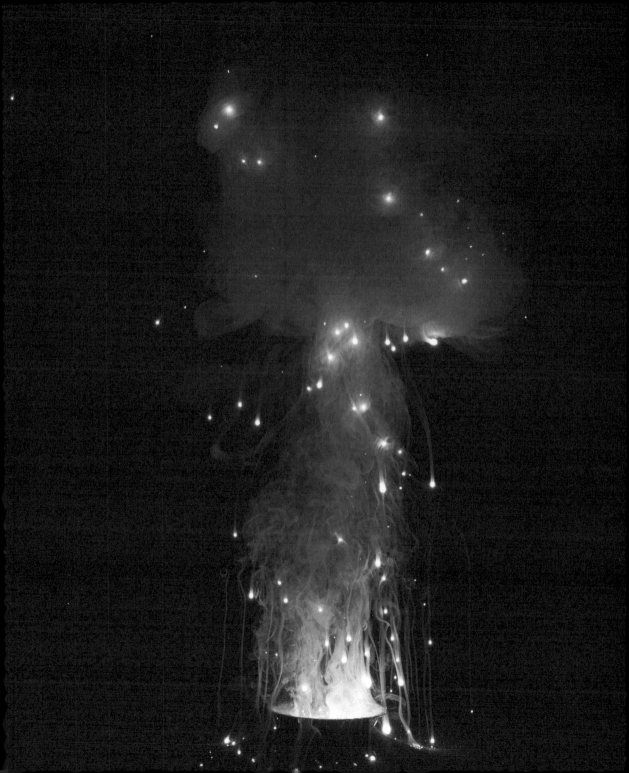

本表数据来源于国际纯粹与应用化学联合会（IUPAC）权威发布的最新版元素周期表，其中由于 113 号元素与 115 号元素尚未得到确认，所以被标为两个空缺，而 114 号元素 Flerovium（元素符号 Fl）和 116 号元素 Livermorium（元素符号 Lv）尚未得到由中国化学会提供的官方中文命名，因此无汉字名称。

　　此外，在此强调两点内容。

　　1. 读者朋友们可能看到过 113 号元素 Uut 或者 115 号元素 Uup 等类似的内容。这个是由 IUPAC 临时元素命名法所命名的尚未被确认的元素。这种命名法可以为所有元素临时命名，因此这些尚未得到最终确认的元素没有被 IUPAC 直接写在元素周期表中。

　　2. 我曾经在百度"化学吧"提到过 114 号元素及 116 号元素的官方命名为𫓧和鉝，但后经查证实中国化学会对此事并未表态。因此出于严谨考虑，本表内并未将这两个命名标出。

表
able

0

2 He
氦
Helium
4.003

III A IV A V A VI A VII A

5 B	6 C	7 N	8 O	9 F	10 Ne
硼	碳	氮	氧	氟	氖
Borum	Carboneum	Nitrogenium	Oxygenium	Fluorum	Neon
10.81	12.01	14.01	16.00	19.00	20.18

13 Al	14 Si	15 P	16 S	17 Cl	18 Ar
铝	硅	磷	硫	氯	氩
Aluminium	Silicium	Phosphorum	Sulphur	Chlorum	Argon
26.98	28.09	30.97	32.06	35.45	39.95

I B II B

28 Ni	29 Cu	30 Zn	31 Ga	32 Ge	33 As	34 Se	35 Br	36 Kr
镍	铜	锌	镓	锗	砷	硒	溴	氪
Niccolum	Cuprum	Zincum	Gallium	Germanium	Araenicum	Selenium	Bromum	Krypton
58.69	63.55	65.41	69.72	72.64	74.92	78.96	79.90	83.80

46 Pd	47 Ag	48 Cd	49 In	50 Sn	51 Sb	52 Te	53 I	54 Xe
钯	银	镉	铟	锡	锑	碲	碘	氙
Palladium	Argentum	Cadmium	Indium	Stannum	Stibium	Tellurium	Iodum	Xenon
106.4	107.9	112.4	114.8	118.7	121.8	127.6	126.9	131.3

78 Pt	79 Au	80 Hg	81 Tl	82 Pb	83 Bi	84 Po	85 At	86 Rn
铂	金	汞	铊	铅	铋	钋	砹	氡
Platinum	Aurum	Hydrargyrum	Thallium	Plumbum	Bismuthum	Polonium	Astatium	Radon
195.1	197.0	200.6	204.4	207.2	209.0	[209]	[210]	[222]

110 Ds	111 Rg	112 Cn		114 Fl		116 Lv
鐽	錀	鎶		鈇		鉝
Darmstadtium	Roentgenium	Copernicium		Flerovium		Livermorium
[281]	[272]	[286]		[289]		[292]

	Gd	65 Tb	66 Dy	67 Ho	68 Er	69 Tm	70 Yb	71 Lu
		铽	镝	钬	铒	铥	镱	镥
...nium		Terbium	Dysprosium	Holmium	Erbium	Thulium	Ytterbium	Lutetium
		158.9	162.5	164.9	167.3	168.9	173.0	175.0

	Cm	97 Bk	98 Cf	99 Es	100 Fm	101 Md	102 No	103 Lr
...尉		锫	锎	锿	镄	钔	锘	铹
...um		Berkelium	Californium	Einsteinium	Fermium	Mendelevium	Nobelium	Lawrencium
		[247]	[251]	[252]	[257]	[258]	[259]	[262]

114 种元素
114 个精灵
它们构成了这个世界
也排成了化学的核心
这张元素周期表

←请由此翻开